软件项目的艺术

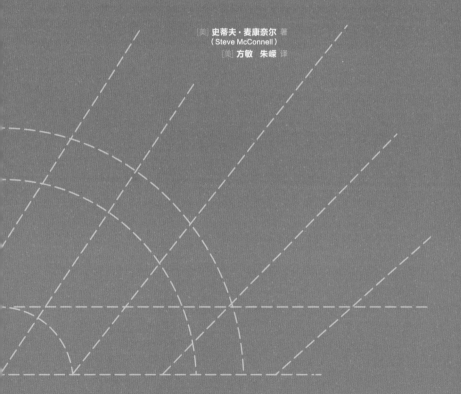

[美] 史蒂夫·麦康奈尔 著
（Steve McConnell）

[美] 方敏　朱嵘 译

清华大学出版社

北京

内 容 简 介

作为《代码大全》的作者，史蒂夫在本书中全面深入地介绍了软件项目管理的关键技巧。全书分为 4 个部分，共 19 章，通过一个项目生存测试问卷来展示项目管理全过程中每个关键节点的具体行动。本书以项目成功为核心导向，系统地讲解项目立项、执行、开发、集成、测试与发布等关键环节，尤其适合项目经理及项目成员阅读和参考。

北京市版权局著作权合同登记号 图字：01-2019-7447

Authorized translation from the English language edition, entitled Software Project Survival Guide by MCCONNELL, STEVE, published by Pearson Education, Inc, publishing as Microsoft Press, Copyright © Steve McConnell.

All rights reserved. No part of this book may be reproduced or transmitted in any form or by any means, electronic or mechanical, including photocopying, recording or by any information storage retrieval system, without permission from Pearson Education, Inc.

CHINESE SIMPLIFIED language edition published by TSINGHUA UNIVERSITY PRESS LIMITED, Copyright © 2024.

This edition is authorized for sale and distribution in the People's Republic of China(excluding Hong Kong SAR, Macao SAR and Taiwan).

本书简体中文版由 Pearson Education 授予清华大学出版社在中华人民共和国境内（不包括香港特别行政区、澳门特别行政区和台湾地区）销售和发行。未经出版者许可，不得以任何方式复制或传播本书的任何部分。

本书封面贴有 Pearson Education 防伪标签，无标签者不得销售。
版权所有，侵权必究。举报：010-62782989，beiqinquan@tup.tsinghua.edu.cn。

图书在版编目（CIP）数据

软件项目的艺术/(美)史蒂夫·麦康奈尔(Steve McConnell)著；(美)方敏，(美)朱嵘译.—北京：清华大学出版社，2024.5
书名原文：Software Project Survival Guide
ISBN 978-7-302-66128-3

Ⅰ.①软… Ⅱ.①史…②方…③朱… Ⅲ.①软件开发—项目管理 Ⅳ.①TP311.52

中国国家版本馆CIP数据核字(2024)第085182号

责任编辑：文开琪
封面设计：李　坤
责任校对：方　媛
责任印制：杨　艳
出版发行：清华大学出版社
　　　　　网　　址：https://www.tup.com.cn, https://www.wqxuetang.com
　　　　　地　　址：北京清华大学学研大厦A座　　邮　编：100084
　　　　　社 总 机：010-83470000　　　　　　邮　购：010-62786544
　　　　　投稿与读者服务：010-62776969, c-service@tup.tsinghua.edu.cn
　　　　　质量反馈：010-62772015, zhiliang@tup.tsinghua.edu.cn
印 装 者：涿州汇美亿浓印刷有限公司
经　　销：全国新华书店
开　　本：145mm×180mm　　印　张：11　　字　数：373 千字
版　　次：2024年7月第1版　　印　次：2024年7月第1次印刷
定　　价：59.00 元

产品编号：081973-01

译 者 序

应清华大学出版社的邀请，我们很高兴地翻译了《软件项目的艺术》。这本书是计算机软件工程和项目管理领域的经典之作，它影响了很多软件开发人员和项目经理，显著提高了软件行业的管理标准。书中不仅讨论了软件项目的降本增效、变更管理和质量控制，还探讨了如何激发项目团队的创造力和士气，开发交付更受用户欢迎的软件产品和服务。

作者史蒂夫·麦康奈尔（Steve McConnell）是国际公认的软件开发大师和，被誉为计算机软件工程和项目管理领域的权威。他是软件工程经典书籍的缔造者，代表作有《代码大全》《快速开发》《软件估算的艺术》《软件项目的艺术》《软件开发的艺术》以及《卓有成效的敏捷》等。他与比尔·盖茨和林纳斯·托瓦兹齐名，被《软件开发》杂志的读者评选为"软件行业三大影响力人物"。在软件行业，他担任过很多重要的职务，包括《IEEE软件》杂志总编辑及 IEEE 计算机协会专委会主席等。

许多软件公司面临各种挑战，如缺乏合理的计划、对用户需求理解不足、项目延期和超出预算、产品质量低下、忽视早期的质量保证、缺乏明确的出品标准以及团队缺乏积极性等。这些问题在软件项目中屡见不鲜，本书旨在为此提供行之有效的指导。作者聚焦于软件项目中遇到的种种挑战，结合自身丰富的开发和管理经验，通过调查研究大量软件项目的成功经验和失败教训，与广大读者分享自己积累了多年的真知灼见。

《软件项目的艺术》详细描述成功的项目管理模型和分阶段发布流程，旨在帮助读者找到改进的方向。书中以软件项目的分阶段发布流程为主线，系统介绍了软件项目管理理念、不同阶段、结构、方法和工具。

本书分为 4 个部分共 19 章。第 Ⅰ 部分"项目生存思维"介绍了软件项目生存测试、生存概念以及生存的重要方法。第 Ⅱ 部分"项目生存准备"介绍了为软件项目生存而战所需的准备，如初始计划、开发用户需求、质量保证、软件架构等。第 Ⅲ 部分"阶段成功"主要讨论分阶段流程的具体活动，包括阶段计划、详细设计、软件构建、系统测试、软件发布和阶段结束。第 Ⅳ 部分"项目完成"讲述了项目回顾会议、调查问卷、最终历史数据归档，最后提供了软件项目管理的参考资料和这本书的网上资源。

在翻译过程中，下面几点给我们留下了深刻的印象。

1. 明确的软件项目愿景：既要振奋人心又要切实可行，这样的愿景才能激励项目相关方和团队为之奋斗。愿景的定义要能够明确区分哪些功能应该包括以及哪些功能应该排除。

2. 项目计划性至关重要：包括整体项目及各阶段的里程碑、活动和预算等。不一定要一次性完成计划，在每个阶段开始前审查和更新计划，团队要按照更新的计划执行。

3. 深度了解用户的软件需求：简单地找最终用户交流还不能确定最佳的软件功能。需要搜集和分析原始需求数据，使用需求工具（如用户界面原型），并多次与用户交流，以开发出深入的用户需求和最受欢迎的产品模型。用户代表要自始至终参与项目的整个过程。

4. 分阶段发布的流程：软件产品和服务不是一次性发布给用户，而是先有几个阶段的软件功能发布，最后发布完整的产品及服务。重要的功能要尽早发布，各阶段发布的功能和最终软件功能必须达到产品质量要求。每一个阶段都相当于一个小项目，要制定和跟踪微型里程碑。

5. 要随时重视风险控制：很多项目夭折的原因是未能及时发现和控制风险。创建和更新十大风险清单，记录存在的问题、可能的风险或不确定因素，并提出相应的风险管理计划。要主动控制风险，不能只报喜不报忧。

6. 质量保证：包括软件项目计划、技术审查和软件测试。在项目全过程的主要时间点上，进行质量保证活动。作者多次强调，新出现的缺陷要在本阶段修正，否则后期修正的成本会非常高昂。要审批代码、文档和工作产品等变更。

7. 产品和服务的发布：什么时候可以发布软件？产品质量是否达到了行业标准？作者提供了六种统计方法和其他可靠的项目状态信息供参考。分阶段发布也是容易疏漏的，建议制定发布清单并要求项目相关方批准。

8. 人力资源管理：作者极其重视人才在分阶段发布流程中的作用，他提出了"人件"的概念，意指在项目中"人件"应该像"软件"和"硬件"一样是软件项目中的重要部分。他在多个章节讨论了"人件"，例如，早期架构设计需要几个高级人才，招聘开发人员应宁缺毋滥，好的愿景能吸引和激励人才，要发挥团队成员的创造力提高效率，项目经理要对人才流失负责，项目结束后要举办项目回顾会议和调查等。

9. 在提高效率上下功夫：软件项目的三大因素——成本、时间和质量——需要谨慎平衡。作者非常重视改进软件项目效率，例如，分阶段发布流程就是对以前的低效率项目管理的改革；关注风险和解决方案避免超预算、拖时间、砍项目；让最终用户参与项目过程，确保用户喜欢和使用软件；软件项目采取极简主义，尽可能简化设计和实施，减少成本和避免出错；搜集和总结项目的历史资料，作为以后项目的参考。书中还介绍了很多可以提高效率的工具。

这里就不再具体介绍了，请先看目录，再看一下每章的"译者有话说"，然后深入研读史蒂夫的思想精髓。

除了前面讲到书中的内容及其要点，我们还有下面几点看法。

1. 在互联网全球化、信息爆炸和人工智能飞速发展的今天，无形的计算机软件无处不在，这些软件都是由无数的软件项目创造出来的，软件项目的科学管理变得非常关键。

2. 虽然现在的软件产品和服务的种类、规模和复杂程度与 20 年前不同了，但是软件项目依然面对同样的问题：如何确保软件项目能够成功完成，保持合理的时间进度，以合理的成本交付高质量的软件产品？

3. 书中介绍的内容不能全盘照抄，但软件项目管理的理念、解决问题的思路甚至一些具体方法都依然有效。

4. 虽然我们没有搜索到分阶段发布和敏捷开发之间的联系，但阅读本书的时候自然会联想到现在流行的敏捷开发方法 SCRUM，例如，本书的分阶段软件发布与敏捷开发的冲刺 / 迭代交付，本书的阶段微型里程碑与敏捷开发的功能积压等。

在翻译《软件项目的艺术》的过程中，我们感受到了一种深刻的亲切感，仿佛旧友重逢。译者方敏先生自 1990 年加入微软公司，担任软件工程师数年，积累了丰富的一线编程经验。晋升为软件质量管理总监之后的二十多年，对公司多款核心产品的研发做出了不可磨灭的贡献。方敏先生不仅参与了成功的重大项目，也亲历了涉及数千人的大型项目的中止，这些经历使他对书中讨论的软件项目管理的理论与实践有了更深层次的认识和共鸣。

方敏先生见证了微软公司在软件项目管理领域的演进，从早期的多元化项目管理方法，到经典的瀑布模型，再到当前敏捷开发和迭代方法的广泛应用，他对各种项目管理方法的利弊有着深刻的理解和体验。

本书的内容并不只是聚焦于软件开发的技术细节，而是以通俗易懂的方式，深入探讨了项目管理的核心概念。这样的定位使得本书特别适合软件项目团队中的各类成员，包括开发人员、测试人员、项目经理以及软件部署人员等。这些读者在阅读本书之前，对项目预算、成本控制、软件构建、缺陷修复和系统测试等概念有一定的了解，因此能够更加精准地从书中提取解决实际问题的方法和策略。

此外，本书同样适合那些对项目有影响力或受项目影响的读者，如高级经理、行政主管、客户、投资者及最终用户代表等。他们可以通过书中提供的"生存检查清单"来评估软件项目的进展是否符合预期。对于普通读者而言，本书还是一部深入浅出的科普读物，有助于拓宽他们对计算机软件项目管理领域的认识。

在翻译本书的过程中，我们进行了一些创新实践。考虑到当前碎片化阅读的趋势，编辑团队建议我们结合个人经验和理解，对每章内容进行精炼总结，并在书中增设了"译者有话说"这个特色栏目，旨在帮助读者快速把握章节要点，有选择地进行深入阅读，或是在完成章节学习后，通过这一段落进行快速回顾，获得更深刻的理解和满足感。

在此，我们要特别感谢周子衿女士在本书翻译工作中的辛勤付出。得益于她的努力，本书得以在龙年顺利面世，与广大读者见面。

前　言

　　在 2000 年左右，美国约有 200 万人参与了约 30 万个软件项目。这些项目中，有三分之一到三分之二在交付之前进度延后和预算超支。在最昂贵的软件项目中，约有一半因失控而被取消。还有更多的项目被弃如敝屣，未能实现其最初的目标和价值，或者因为赞助方遇到麻烦，仅是宣布项目成功便退出了项目，而没有留下任何可用的软件。无论是高级经理、高管、软件客户、用户代表还是项目负责人，都可以通过本书了解如何防止项目遭受这些后果。

　　软件项目失败通常有两个原因：项目团队既缺乏成功开展软件项目的知识，也缺乏有效开展项目的方案。本书虽然对解决方案帮助不大，但确实包含了成功开展软件项目所需要的大量知识。

　　软件项目的成功并不取决于专门的技术。有时软件项目被视为一个神秘的实体，其生存或消亡完全取决于开发人员的专业技术。当开发人员解释为何延迟交付组件时，他们可能会使用一些技术术语，让没有深度技术知识的人感到无法影响软件项目。

　　《软件项目的艺术》指出，软件项目的成功或失败取决于如何谨慎地规划项目以及如何精细地执行项目。如果项目的利益相关方了解决定项目成功的关键问题，就可以确保项目取得圆满成功。保持软件项目朝着正确方向前进的人可以是技术经理或软件开发人员，也可以是高级经理、客户、赞助方、终端用户代表或任何其他相关人员。

　　本书适用于影响软件项目结果的任何人，包括高层经理、行政主管、客户、投资人和最终用户代表。通常，非软件人员可能会被指派监督软件产品的开发,他们可能具有销售、会计、财务、法律、工程或其他领域的背景。如果项目开始出错,他们至少应发出警告。本书以通俗易懂的方式向他们讲述一个成功的项目应该是什么样的,并提供许多方法来提前判断项目的成败。

对于项目经理,尤其是那些没有经过专门软件项目管理培训的,本书将帮助你掌握需求管理、软件项目规划、项目跟踪、质量保证和变更控制等关键技术和管理技能。

对于技术主管、专业开发人员和自学成才的程序员,如果你是熟悉技术细节的专家,可能没有经历太多项目负责人需要关注的重大问题。本书可以视为带注释的项目计划,帮助你从专业技术人员过渡到高效率的项目负责人。书中描述的计划可以作为起点,根据特定项目的需要,合理地制定自己的项目策略。如果已经读过《快速开发》一书,本书的第I部分将帮助你复习其中的部分内容。

本书涉及哪些类型的项目

本书的项目计划适用于商业系统、广泛的终端用户软件、垂直市场系统、科学系统等程序。该计划适用于客户端/服务器结构的项目,使用了现代软件开发实践,例如面向对象的设计和编程。这些计划可以很容易地应用于传统开发实践和大型计算机项目。

该计划面向的团队规模为 3 到 25 名成员,项目计划时间为 3 到 18个月,这种规模的项目被认为是中型项目。如果你的项目比较小,可以适当精简本书推荐的一些做法。在整本书中,我会指出可以精简的地方。

本书主要面向目前处于规划阶段的项目。如果项目刚刚开始,可以使用该方法作为项目计划的基础。如果项目正处于中间阶段,第 2 章的生存测试和每章末尾的生存检查清单将帮助你确定项目的成功机会。

本书的计划可能不够正式或不够严谨，因此不适用于生命攸关或安全攸关的系统。但它适用于商业应用程序和商业软件，在许多数百万美元级别的项目中采用了这样的计划，已经取得了显著的改进。

资深技术型读者注意事项

《软件项目的艺术》介绍了执行软件项目的有效方法，但并不是唯一有效的方法。然而，知识渊博的技术主管提出的开发计划可能会比这里描述的通用解决方案更好、更全面、更有针对性。但是，这里描述的计划比匆匆凑出来的计划或者根本没有计划的情况要好得多，软件项目根本没有计划是最常见的状况。

以下章节描述的计划是为了解决软件项目面临的最常见问题而设计的。它大体上基于软件工程协会（SEI）所定义的 SEI 软件能力成熟度模型的第 2 级中的"关键过程领域"。SEI 已将这些关键过程确定为使软件组织能够满足计划、预算、质量和其他目标的关键组成部分。大约 85% 的软件组织的绩效低于 2 级，我们的计划是指导这些软件组织明显地改进它们的现有状态。SEI 如下定义第 2 级的关键流程领域：

- 项目计划；
- 需求管理；
- 项目跟踪和监督；
- 配置管理；
- 质量保证。

本书的主要参考资料

在撰写本书时，除了汲取众多资源之精华，我还珍藏了三个举足轻重的参考资料，它们无一不是价值连城的宝典。我试图从中去芜存菁，条分缕析，将其中的精华以最实用的方式呈现给大家。

第一份参考文献是软件工程研究所的《软件能力成熟度模型的关键实践》版本 1.1（以下简称《关键实践》）。此书堪称一座金矿，来之不易的行业经验深藏其中，为新开发实践的实现确定了优先级的指导。尽管文献篇幅近 500 页，书中的信息却言简意赅。它不同于一般的教科书，对新手而言可能稍显晦涩。然而，对于已对其实践有所了解的读者来说，《关键实践》提供的总结和结构无异于指路的明灯。本书可在互联网上免费获取，网址为 http://www.sei.cmu.edu/，也可从弗吉尼亚州斯普林菲尔德的美国商务部国家技术信息服务中心获得。

第二份参考文献是美国国家航空航天局（NASA）的软件工程实验室（SEL）的《推荐的软件开发方法》（修订版 3）——以下简称《推荐方法》。SEL 荣获 IEEE 计算机学会颁发的过程成就奖，实至名归。《推荐方法》详细地描述了许多成功过程的关键因素，与 SEI 的文档相辅相成，后者虽描述了一套实践却未展示其在特定项目中的应用。可以从 https://ntrs.nasa.gov/api/citations/19930009672/downloads/19930009672.pdf 下载。

我手边最后一份参考资源是我的亲身实践。我的写作不追求空中楼阁式的理论架构，而是从实用的角度出发，致力于为读者打造一个实用性较强的参考指南。这里汇总的信息将使我在未来项目规划与实施上游刃有余，并向客户清晰阐释关键的成功因素。我期望本书能为读者带来这样的帮助。

瞧，

小熊爱德华下楼了，

它在克里斯托弗·罗宾的身后，

后脑勺碰在台阶上发出"砰砰砰"的响声。

罗宾觉得只能这个样子下楼了。

但有时，

他又觉得也许还有什么别的好办法，

如果小熊脑袋碰台阶时发出的"砰砰砰"能够消停那么一小会儿，

让他好好想一想的话。

转念一寻思，

他又觉得也许并没有什么也许。

（出自《小熊维尼》的第一章，作者艾伦·亚历山大·米尔恩在这里向读者介绍小熊的故事，包括它下楼的方式）

致　谢

作为一种尝试，我当时把本书的初稿发布在我的网站上，邀请读者发表评论。许多人下载了这些章节，贡献了数千条富有见解的看法。读者的观点呈现出多样化的态势，涉及本书的方方面面，使得本书可读性更强、结构更为紧凑、可用性更高。

首先感谢审阅了全书的以下人员：波音公司的罗伯特·伯恩斯和Process Builder 公司的劳伦斯·凯西等。还要感谢对本书重要部分发表评论的人，包括雷·贝纳德、史蒂文·布莱克等。另外还要感谢其他审阅人员，他们对手稿中一些细节做了评论，我把他们的名字列在了本书末尾的"注释"部分。

经过微软出版社工作人员的打磨后，我的书稿变成了一本书。为此，我感到特别开心。尤其要感谢项目编辑维多利亚·图尔曼，她非常有耐心，又很灵活，积极采纳了我对成书提出的各个方面的意见。感谢金·埃格尔斯顿对本书的精心设计，感谢微软出版社的其他工作人员，包括大卫·克拉克、艾比·霍尔、谢丽尔·彭娜和迈克尔·维克多。

最后感谢我的妻子苔米，感谢她为我提供的精神支持，感谢她的幽默。

关于著译者

史蒂夫·麦康奈尔（Steve McConnell）

代表作有《代码大全》（2019年被《福布斯》技术委员会评为"软件开发奠基之作"）。先后创办 Construx Software 和 Rain Dog（目前主要为客户提供投资规划和管理服务以及开发投资预测和分析工具）。

此前作为 Construx Software 创始人兼首席软件工程师，他负责领导软件项目，也为其他公司提供软件项目咨询服务，他还通过著书立说的方式，成为软件工程知识体系的布道者。他是《IEEE 软件》和《软件从业者》杂志的编委会成员、《IEEE 计算机》杂志资深审稿人、IEEE 计算机协会及 ACM 的重要贡献者。

作为社区与公共事务的积极参与者，他担任过贝尔维尤学校董事会主席、贝尔维尤扶轮社主席、洛克利文社区协会董事会成员、CDC Covid 预测模型的贡献者、IEEE 专委会主席、《IEEE 软件》杂志主编、软件工程知识体系专家组成员、惠特曼文理学院和西雅图大学计算机科学顾问委员会成员。

史蒂夫在惠特曼文理学院获得哲学和计算机科学的双学士学位，在西雅图大学获得了软件工程硕士学位。

史蒂夫与他的妻子苔米、爱犬欧弟和黛西居住在华盛顿州贝尔维尤市。

如果对本书有任何意见或疑问，请通过 stevemcc@construx.com 联系史蒂夫，或访问他的网站 http://www.construx.com/stevemcc/。

方敏

就职于微软公司，担任首席测试总监期间，对必应搜索、中国创新项目、Windows Server、SQL Server、COM+ 服务等产品和服务做出了重要的贡献。他拥有近三十年工程技术团队和项目管理经验，精通软件敏捷开发和传统软件项目管理。他注重创新，注重发挥团队优势。

方敏是微软美国华人协会的创始成员之一，该协会有几千名会员。他是美国西雅图地区知名的职场发展专家，热衷于提升在美华人的国际竞争力。曾经多次受邀为母校清华大学举办国际化职场发展和软件技能讲座。方敏毕业于清华大学，获得电子工程学士和硕士学位，后来在美国新墨西哥州矿业技术学院获得计算机科学硕士学位。

朱嵘

朱嵘早年就职于英国 BAE 系统公司，在其美国分支机构担任质量工程师，负责空客和波音多种机型的关键质量分析与故障维修。她毕业于哈尔滨工业大学，获得无线电工程系信息工程专业的学士学位。

简明目录

详 细 目 录

第 I 部分　项目生存思维

第 Ⅱ 部分　项目生存准备

第Ⅲ部分　阶段成功

第 Ⅳ 部分　项目完成

第 I 部分　项目生存思维

第 1 章　欢迎加入项目生存训练营

软件项目在其存续和发展的过程中常常会遇到严峻的挑战和诸多难题。执行科学的项目管理流程将使软件开发过程更加顺畅。换而言之，要确保软件项目的存续，关键在于从项目伊始就施行科学的管理方法，这将显著提升项目成功的概率。

与此同时，相较于软件项目成果，软件产品的质量标准往往需要设定得更高。例如，用户群体最大的期望是产品能够长时间正常运行而不崩溃，并且在执行几百万行源代码时不频繁出错。然而，软件开发人员对项目的要求可能相对较低。项目若延期一个月、三个月甚至六个月，人们通常还能接受。如果产品不太好用、很难上手或缺少某些关键功能，用户和客户可能会通过投诉表达不满。但只要包含计划中所有的主要功能，不论耗费了多少成本，大多数用户都会认为这样的项目是成功的。通常只有在项目彻底崩溃时，我们才真正意识到项目已经失败。

多年来，软件行业的高管们已经清楚地认识到如何从多个角度提升现有软件项目的水平。成功的软件项目应在成本、进度和质量方面实现预定的目标，且不会超出工程能力范围或额外增加时间和预算。在制定了详尽的计划后，管理层能够将成本控制在项目预算目标的 10%左右，甚至更低。大多数现代的软件项目经理都能够较好地达成这一业绩标准。在很多情况下，处于项目外部的"局外人"，包括上层管理者、高级领导、客户、投资者及最终用户代表等，可能会从根本上影响项目的具体成败。

作为 Construx Software Builders 培训咨询公司的首席软件工程师，我多次受邀调查失败的软件项目。作为经验丰富的专业人士，通常能够轻易识别出导致失败的原因。中等规模的软件项目（拥有 20 000 至 250 000 行源代码的项目）的失败通常是可以避免的。优化软件项目可以从多个目标出发，包括最短的开发时间、最低的成本、最优的质量或其他任何目标。尽管这些目标不一定能同时实现，但本书中所描述的方法能够在这些目标之间取得较为理想的平衡。因此，我们能够按照有效的时间表，以合理的成本，交付高质量的产品。

1.1　生存需求

软件项目成功的首要条件是充分理解其基本的生存需求。亚伯拉罕·马斯洛观察到，人类对需求层次的响应呈现出从较低层次动机到较高层次动机的自然演变。最基本的需求被称为"生存需求"，因为它们是人类生存所必须满足的基本物质需求。在我们能够有更高层次的动机之前，必须首先满足这些基本的需求。在人们追求归属感、爱、自尊或自我实现之前，必须先满足食物、空气和水等基本生理需求。只有满足这些基本需求，我们才能够按照有效的时间表，以合理的成本交付高质量的产品。

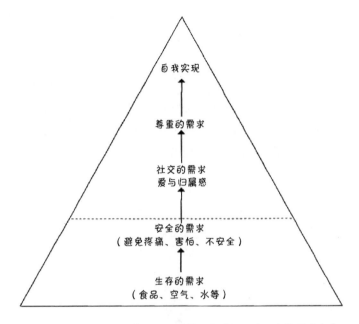

图 1-1　马斯洛的人类需求层次结构。在满足更高层次的需求之前，必须先满足较低层次的需求

和许多软件专家一样，我认为软件项目同样适用类似的需求层次结构。软件项目有一系列基本的生存需求，只有在这些需求得到满足后，项目团队才能有效专注于更高层次的项目需求。在金字塔架构的较高层次上，质量和生产效率才能实现显著提升。

项目团队首先必须确保具备完成项目的能力，然后才考虑是否能在预定的进度和预算目标的 10% 左右完成项目。项目团队只有能够按时交付软件，才有机会进一步优化项目，即在有限预算内满足紧迫的时间安排，同时促进最新技术的应用。

如图 1-2 所示，软件项目的需求层次结构与各参与者的个人需求并不完全相同。例如，开发人员可能首先考虑个人自尊，然后才是团队的健康状况。但对于项目整体而言，更重要的是关注团队的整体健康状况，而不仅仅是团队中每个人的感受。

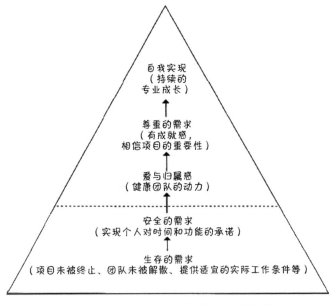

图 1-2　软件项目需求层次架构。项目的需求
与项目参与者的需求大致相同

本书将重点关注软件项目需求层次架构中较低的层次。我们只有在较高层次的需求影响或限制了基础层次需求的满足时，才会深入讨论较高层次的需求。

1.2　生存权利

面对重重困境的项目，每位利益相关方都可能对自己的生存需求感到忧虑。客户可能担心项目是否能按预期目标及时完成，或者在项目交付时成本超出预算，甚至担心项目可能根本无法完成。项目经理可能担心因项目取消而颜面尽失，或怀疑开发团队是否具备完成项目的能力。开发人员可能担心项目失败会导致失业，或为了项目成功而不得不加班加点，牺牲个人时间。在这些情况下，人们往往会回归到项目需求层次结构的较低层次，更多地关注满足个人的安全需求。这种本能的自然反应可能让人放弃追求更高层次的机会，包括提升质量和提高生产效率。

英国近代政治哲学家托马斯·霍布斯（Thomas Hobbes）认为，在没有政府和法律的自然状态下，人类的生活是孤独、贫困、卑污和短命的。类似地，管理不善的软件项目也不例外。实现软件项目成功的第一步是确保所有相关方互相尊重并以理性的方式对待彼此。我总结了一些适用于软件项目的基本原则，形成了"客户权利法案"。在某些情况下，如果项目没有直接客户，这些权利可能属于产品经理、营销代表或最终用户代表。

客户权利法案
作为客户，我拥有以下权利：
1. 为项目设定目标并遵循这些目标开展工作。
2. 知道软件项目需要多长时间以及多少成本。
3. 决定软件包括哪些功能以及不包括哪些功能。
4. 在整个项目过程中对需求进行合理的修改，并知道这些修改所需增加的成本。
5. 清楚了解项目的真实状态。
6. 定期了解可能影响成本、进度或质量的风险，了解潜在问题的解决方案。
7. 在整个项目过程中可随时查看项目的可交付成果。

软件项目中的权利不仅确保项目运行顺畅，更是项目成功所必需的前提。

软件项目中一个人的权利往往伴随着对等的责任。我们享有言论自由的权利，但这同时也意味着我们需要包容他人的言论自由，哪怕我们不同意或不喜欢他们的观点。在软件项目中，客户必须尊重项目团队的权利，以下是相关的权利。

项目团队权利法案
作为项目团队，我拥有以下权利：
1. 了解项目的目标并确认目标的优先级。
2. 详细了解希望我构建的产品，在不清楚的情况下可以澄清产品的定义。
3. 能够访问决定软件功能的客户、经理、营销人员或其他负责人。
4. 在项目的每个阶段，能够发挥技术负责人的作用，尤其是不要在项目中被迫过早地开始编程。

> 5. 当我在按照要求做任何工作时，我有权审查该工作的成本和进度估算，这包括对项目每个阶段的成本和进度的估算，这些估算至少在理论上是可行的。需要给我一定时间来产生有意义的估算，并允许在项目需求发生变化时修改估算。
> 6. 能够向客户和上层管理人员准确地报告项目的状态。
> 7. 能够在实际软件的生产环境中开发调试，特别是在项目的关键阶段，不会受到频繁的干扰。

项目成功的第一步是确保所有相关方相互尊重这些权利，为项目成功创造条件。第二步是按照这种方式开展项目，确保各方的基本需求得到满足，没有任何一方感到重大的不安。本书的其余部分将讨论如何实现这些步骤。

1.3　生存检查清单：项目健康测试

在每章结尾处，会列出检查生存状态的具体条件，也就是项目状态特征，大家可以用这些状态特征从项目外部来评估项目的健康状况。

我们用笑脸符号（☺）作为成功标记，具有这些特征的项目有成功的希望。我们用炸弹符号和悲伤的脸（💣☹）标记潜在的风险，表明具有这些特征的项目有潜在的风险。

生存检查清单

☺ 项目团队的生存需求得到满足。

☺ 客户和项目团队同意尊重彼此的软件项目权利。

💣☹ 关键性的权利原则在实践中没有得到遵守。

❧ 译者有话说 ❧

第 1 章深入剖析了软件项目所面临的严峻局面。众多软件项目因管理不善，导致效率低下或中途夭折，使得项目的生存与发展陷入困境。尽管人们对软件产品的质量抱有极高的期望，但对软件项目的管理水平却关注不足。作者计划在全书中详尽阐述一套软件项目的生存与发展策略，旨在确保软件项目管理能够成功，维持有效的时间进度，并以合理的成本交付高品质的软件产品。

本章特别强调启动项目时的两大要点：首先，基于马斯洛的"人类需求层级"理论，提出了"软件项目需求层级"，帮助涉足软件领域的人员准确理解软件项目需求的分类和优先级；其次，发布客户权利法案和项目团队权利法案，通过明确客户与项目团队的权利和责任，保障双方在软件项目中能够实现文明且富有成效的合作。

第 2 章　软件项目生存测试

我们的目标是通过对软件项目进行简单的测试来评估其健康状况。如果测试结果揭示出项目存在风险，我们可以通过一系列步骤来改善情况。

本章包含了一系列测试题目，旨在评估项目是否有可能成功完成。例如，项目是否能在预算范围内按时交付？项目的最终成果是令人振奋的成功还是遗憾的失败？这些测试题目的目的是帮助大家找到答案。

2.1　生存测试题

针对待评估的软件项目，请回答以下问题并为每个答案打分。如果答案是肯定的，并且您非常确定，可加 3 分。如果您认为答案大体上是正确的，可以给予项目部分分数，例如对于"可能"的答案加 2 分，对于"有点像但不完全是"的答案加 1 分。如果项目还处于早期阶段，请根据目前的实际情况来回答这些问题。在本测试部分的结尾，您可以根据获得的总分数，找到对应的项目健康状态等级①。

---

① 扫描二维码，可以查看这套测试题的电子版本（中文版）。

2.2　生存测试问卷

以下是生存测试题及其得分统计与解释。

需求

___1. 项目是否有一个明确的愿景或使命？

___2. 所有团队成员是否认同这个愿景是实际可行的？

___3. 项目是否有商业案例详细阐述商业利益及如何衡量收益？

___4. 项目是否有用户界面原型，能够逼真地演示系统功能？

___5. 项目是否有详尽的书面规范，明确软件应实现的功能？

___6. 项目团队是否在项目早期访问了最终用户，并持续让他们参与项目全程？

计划

___7. 项目是否有详尽的软件开发计划？

___8. 项目计划中是否包含了安装程序、数据转换、第三方软件集成等次要任务？

___9. 最近完成阶段结束时，是否正式更新了进度和预算？

___10. 项目是否有详细的书面架构和设计文档？

___11. 项目是否有详尽的质量保证计划，包括设计和代码审查？

___12. 项目是否有分阶段交付计划，描述软件实施和交付的各阶段？

___13. 项目计划是否考虑了节日、休假、病假等，确保分配时间不超过 100%？

_____14. 开发团队、质量保证团队和技术写作团队是否已批准项
目计划和时间表？

项目控制

_____15. 该项目是否由有决策权的高管负责并给予大力支持？

_____16. 项目经理的工作量是否允许其有足够的精力投入项目？

_____17. 项目是否有明确定义的小的里程碑，状态为 100%完成
或未完成？

_____18. 项目相关方是否可以轻松识别这些里程碑的完成情况？

_____19. 项目是否有反馈渠道，让团队成员能匿名报告问题？

_____20. 项目是否有书面计划来管理软件规范的变更？

_____21. 项目是否有变更控制委员会，负责审批或拒绝建议的
变更？

_____22. 项目规划材料和状态信息是否对团队成员公开，包括任
务和时间估算、任务分配和进展比较？

_____23. 所有源代码是否都置于版本控制之下？

_____24. 项目环境是否配备了完成项目所需的基本工具，如缺陷
跟踪软件、源代码控制和项目管理软件？

风险管理

_____25. 项目计划是否清楚地列出了项目的当前风险？最近是否
更新了风险清单？

_____26. 项目是否有项目风险负责人负责识别项目的新风险？

___27. 如果项目使用分包商，是否有管理计划来管理每个分包合同组织和每个组织的联系人（如果项目不使用分包商，则给予项目满分 3 分）？

人员

___28. 项目团队是否具备完成项目所需的所有技术专长？

___29. 项目团队是否具备软件运营所在的商业环境的专长？

___30. 项目是否有能够成功领导项目的技术主管？

___31. 是否有足够的人员来完成所需的所有工作？

___32. 每个人都能很好地合作吗？

___33. 每个人是否都全身心投入项目？

总计

___初步分数。把每个答案旁边的分数加起来。

___系数。如果项目团队有 3 名或更少的全职员工，包括开发人员、质量保证人员和一线的管理人员，请写入 1.5。如果有 4 到 6 个全职等效的人员，请写入 1.25。否则写入 1.0。

___最终得分。将初步分数乘以系数。

2.3   生存测试结果解释

对于大多数项目来说，测试成绩可能不会太好，许多项目的评分都不到 50 分。表 2-1 对分数进行了解释。

表 2-1　生存测试评分

分数	说明
90 以上 杰出	杰出级别的项目几乎在所有方面都能取得成功，能够满足其时间表、预算、质量和其他目标。从第 1 章的项目需求层次来看，这类项目已完全达到"自我实现"的层次
80～89 优秀	优秀级别的项目表现要远好于平均水平。项目有极大的成功潜力，提供的软件能够接近或满足项目的时间表、预算和质量等目标
60～79 良好	此评分范围内的软件开发效率高于平均水平。项目可能满足时间表或预算目标中的一个，但不太可能同时满足两者
40～59 一般	这个分数是典型的。具有该分数的项目可能会遇到较高的压力和不稳定的团队，并且该软件最终将以更高的成本和更长的时间交付更少的功能。应用本书所描述的方法，这类项目将获得最大改进
40 以下 有风险	具有此分数的项目在需求、计划、项目控制、风险管理和人力资源等主要领域存在重大问题。针对这类项目，主要担忧是项目能否成功完成

软件项目生存测试为项目建立了一个基准，便于未来进行比较，类似于学校课程开始时进行的测试。测试之后，你将在新学期里学习一门新科目，并在学期末再次接受考核。如果教师授课效果佳（并且你掌握得好），那么你的分数应该会有所提高。

为了使这样的生存测试适用于"项目前后"对比，测试题目应涵盖整个课程内容。这个生存测试确实包含了软件项目生存的所有主题。读完本书，规划下个项目后，再进行一次生存测试。你会发现项目得分提高，项目的生存机会也随之增加。

生存检查清单

☺ 项目在生存测试中至少得 60 分过关。

☺ 如果该项目得分低于 60 分，但是已经计划了改进措施以提高项目的得分。

💣☹ 项目团队没有制定改进措施，不能贯彻执行项目计划。

∞ 译者有话说 ∞

在本章中，作者提出了一套全面而实用的软件项目生存测试，覆盖了"需求""计划""项目控制""风险管理"和"人员"五个关键方面，共计 33 个测试问题。读者可以选择当前或过去的项目作为案例，依据对项目状况的深入了解，客观地回答这些问题并进行自评，以计算项目的总分数。根据本章末尾提供的"生存测试评分"说明表，读者可以判定项目的健康状况等级，可能的等级有"杰出""优秀""良好""一般"或"有风险"。无论评定结果如何，都应深入分析项目的实际状况，以获得更深刻的理解。

第3章　项目生存的概念

定义一个合理的开发流程对软件项目的成功至关重要。良好的流程设计使开发人员能够将大部分时间投入到有效且建设性的工作中，从而稳步推进项目。如果流程规划不佳，开发团队可能会花费大量时间纠正早期的错误。成功的项目充分利用了流程上游活动的杠杆效应。熟知软件项目情况的相关人员应确保项目能够集中足够的注意力在上游活动上，以最大限度地减少对下游活动的负面影响。

在软件项目启动之前，需要了解几个最重要的软件流程特征。本章将详细阐述决定软件项目成功的关键因素。

3.1　软件开发流程的作用

本书探讨的主题是执行有效的软件开发流程。实际上，软件开发流程涵盖若干个软件开发阶段，例子如下。

- 明确识别软件项目的所有需求。
- 利用项目管理软件来控制软件需求的增加、减少和变更。
- 对所有需求、设计和源代码进行系统性的技术审查。
- 在项目早期阶段制定全面的质量保证计划，包括测试计划、审查计划和缺陷跟踪计划。

- 创建详尽的项目实施计划，明确开发和集成软件功能组件的顺序。
- 实施自动化源代码版本控制。
- 在每个主要里程碑阶段完成后，重新评估项目剩余部分的成本和时间估算。一个里程碑应包含多个步骤，如需求分析、架构构建、详细设计和软件实现。

显然，这样的流程会对项目带来积极影响。

3.1.1　对流程的误区

软件开发社区中，有些人对"流程"一词持有负面态度。他们认为软件流程意味着僵化、限制和低效。这些人认为管理项目的最佳策略是聘请最优秀的人才，为他们提供所需的全部资源，然后放手让他们去做自己最擅长的工作。按照这种看法，在没有任何流程的环境下，项目可以非常高效地运作。持有这种观点的人通常认为，项目流程与工作效率之间的关系如图 3-1 所示。

持有这种观点的人承认，在工作中可能会出现一些动荡不前或效率低下的情况。他们认同开发人员可能会犯错误，但相信开发人员能够迅速且高效地纠正这些错误，并且坚信这种做法的总成本肯定低于"增加流程"的成本。他们认为增加流程纯属浪费，流程只会减少人们的高效工作时间，如图 3-2 所示。

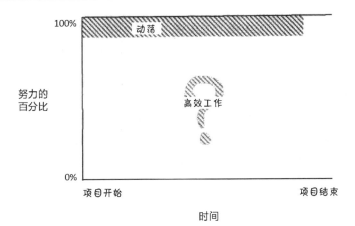

图 3-1　错误观念认为，忽略流程将增加项目期间高效工作的比例

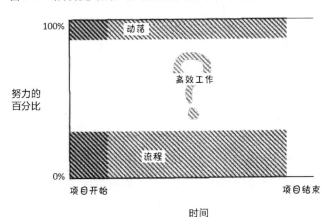

图 3-2　错误观念认为，注重流程将减少项目期间高效
　　　　工作的比例（流程被认为多余）

乍一看，这个观点似乎颇为合理。项目初期（如图中深色阴影区域所示），建立流程的确会占用本来可用于有效工作的时间。如果这种情况在整个项目周期内一直持续（如图中浅色阴影区域所示），那么投入大量时间于流程显然不合理。

然而，根据软件行业中型项目的经验，如图 3-2 所示的趋势在项目整个周期内不可能一直持续。那些没有及早建立有效流程的项目最终不得不付出代价，因为整体的错误修正将占用更多时间，而且效果也未必理想。接下来，我们将探讨为何越早建立流程越好。

- **变更控制**：项目进行到中期时，项目经理或客户可能已明确提出多项变更要求，团队成员可能非正式地同意这些变化。直至项目后期，变更可能尚未得到系统性的控制，导致产品规模膨胀 25%到 50%，甚至更多，同时造成预算超支和项目延期交付。

- **质量保证**：一些项目在早期阶段未设立消除缺陷的流程，导致项目团队陷入测试、调试、重新实现、再测试的恶性循环，看似无休无止。最终发布的软件不可避免地带有众多已知缺陷，尽管这些缺陷因为对产品的影响较小而优先级较低。在最糟糕的情况下，软件的质量可能永远达不到产品发布的标准。

- **不受控制的变更**：在项目后期发现的重大缺陷可能导致在测试阶段需要重新设计和编写软件。由于未预计到测试阶段需要重写软件，项目实际工作量远超预期，基本上没有任何计划和控制。

- 跟踪缺陷：有些项目直到后期才设置缺陷跟踪系统。一些报告的缺陷因团队成员忘记修复而未被解决。尽管这些缺陷技术上易于修复，但由于疏忽，最终发布的软件仍带有这些缺陷。

- 系统集成：直至项目临近结束，不同开发人员开发的组件无法相互集成。组件集成阶段发现接口不匹配，需投入大量工作才能实现重新对接。

- 自动源代码控制：源代码版本控制直至项目后期才建立，由于开发人员不慎覆盖了自己或他人的源代码文件，导致之前的重要工作丢失。

- 时间进度：当发现项目进度落后于原定计划时，项目管理人员可能要求开发人员每周一次或多次重新评估他们的剩余工作量，这占用了他们宝贵的开发时间。

如果一个项目在早期几乎不关注采用的是什么流程，那么在项目结束时，开发人员会觉得自己所有的时间都花在了会议和修复缺陷上，而很少或根本没有时间去扩展软件的功能。他们会清楚地意识到这个项目正面临重重困难。一旦无法满足最后截止期限的要求，就会激发软件开发人员的求生欲，退回到独立开发模式，只专注于各自的截止日期，停止与经理、客户、测试人员、技术文档编写人员以及其他开发团队成员的互动，导致项目各方无法协调一致。

如果一个中等规模的项目不重视开发流程，它就不会处于稳定且高效的工作状态，而是会面临图 3-3 所示的几种情况，这些情况将会是这种项目的常态。

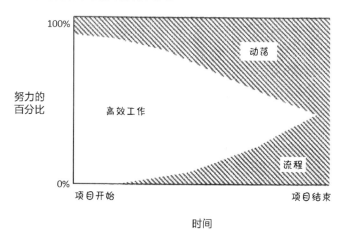

图 3-3　显示了不关心流程的项目会出现的真实经历。随着项目环境变得越来越复杂，动态（返工增多）和流程增多

在这种模式下，项目流程中的动荡不前会持续产生内耗。在项目的中期，团队意识到他们正在花费大量时间进行低效甚至无效的工作，这会促使他们开始认识到关注流程的必要性。然而，这种认识来得太晚，已经造成了不可逆转的损害。项目团队试图提高流程的有效性，但这种努力充其量只能保持稳定。在某些情况下，后期尝试改善项目流程反而可能导致更多的返工。

　　幸运的话，项目在发布软件的同时，团队仍有时间开发少量新的功能。不幸的话，项目团队要花 100%的时间在流程控制和混乱状态上，无法完成软件开发。当项目团队花费了数周或数月之后，管理层或者客户开始意识到该项目无法取得进展，因而往往最终会取消这样的项目。如果忽视流程建设，认为这是不必要的开销，那么一旦项目因为管理不善而被取消，将会造成巨大的损失。

3.1.2　拯救流程

　　幸好，我们有多种替代方案可以改善这种动荡不前的糟糕状况，其中最有效的一种替代方案是改进那些低效的工作流程。的确，有些流程是僵化且效率低下的，我并不推荐在软件项目中使用这些流程。本书中描述的项目生存方法有利于增强项目的灵活性，提升项目团队的效率。

　　如果采用这些流程，项目的状态将如图 3-4 所示。

　　在项目初期，重视流程的团队的效率可能暂时低于那些抵触流程的团队。两种团队此时都处于动荡状态，但重视流程的团队会花大量时间来建立流程。

　　到了项目的中期，重视流程的团队已经减少了动荡，并开始简化流程。而此时，原本抵触流程的团队才刚刚开始意识到动荡不前和低效的严重性，并着手建立一些有效的流程。

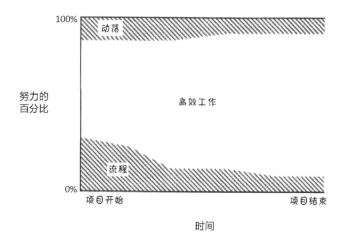

图 3-4　显示了早期关注流程的项目经历。随着团队获取更多的
流程经验并针对工作环境做了精细调整，花费在流程
控制和动荡状态上的时间都会减少

项目结束时，重视流程的团队将能够高效运行，消除了
90%的动荡。团队能够承受余下 10%的动荡，因为消除这最后
的不确定性需要付出相当大的代价。项目完成后，重视流程的
团队的总体投资将远远低于那些抵触流程的团队。

在项目初期对流程的优化和投资将在项目后期带来巨大的回报。

专注于改进软件开发流程的公司在过去几年已经显著缩短
了产品上市的时间，并显著降低了成本和缺陷。

- 在 5 年时间内，洛克希德公司把开发成本降低了 75%，
  产品上市时间缩短了 40%，缺陷数量降低了 90%。

- 在超过 6 年半时间内，雷神公司将生产力提高了 3 倍，并实现了近 8 比 1 的流程改进投资回报率（ROI）。

- 经过 4 年的软件流程改进工作，Bull HN 信息系统公司实现了 4 比 1 的投资回报率。

- 斯伦贝谢经过 3 年半的软件流程改进，ROI 几乎达到了 9 比 1。

- 美国航空航天局（NASA）软件工程实验室在 8 年内将每次任务的平均成本降低了 50%，缺陷率降低了 75%，同时显著增加了每次发射任务所用软件的复杂程度。

- 休斯公司、劳拉、摩托罗拉、施乐以及其他专注于系统性软件流程改进的公司也报告了类似的成果。

最令人振奋的消息是，这些改进在生产率、质量和进度以及绩效方面所消耗的平均成本大约只占总开发成本的 2%，要知道，通常情况下，每个开发人员每年大约节约 1 500 美元。

3.1.3　流程与团队的创新和士气

一些人反对建立系统化流程，主要理由之一是认为这会限制程序员的创造力。程序员确实需要发挥创造力，而管理人员和支持项目的高管则需要能够预测项目的进度，增强进度的可视化，以及满足时限、预算和其他目标。

有人对系统化流程限制开发人员创造力的论点进行了批评，这样的批评基于一个错误的观念：认为开发人员的创造力与实现管理目标之间存在固有的矛盾。确实有一些高压环境使得开发人员的创造力与管理目标不一致，许多公司目前就处于这种状态。但建立一个和谐的环境，既能发挥开发人员的创造力，又能实现管理目标，是完全可能的。

重视流程的公司发现，有效的流程既能激发员工的创造力，也能提升员工的士气。在对大约 50 家公司进行的调查中，流程最少的公司仅有 20%的员工将士气评为"良好"或"优秀"。而在那些比较关注软件流程的公司中，大约有 50%的员工将士气评为"良好"或"优秀"。在流程较为完善的公司中，有 60%的员工认为他们的士气是"好"或"优秀"。

开发人员在工作最高效的时候感觉最好。优秀的项目领导能够建立清晰的愿景，并建立一套流程框架，使开发人员能够感受到意想不到的高效率。开发人员不喜欢领导提供的指导少、架构不明确，这会导致他们在目标不一致的环境下工作，不可避免地放弃一些本应完成的工作。开发人员更欣赏那种强调可预测性、可见性和可控性的开明领导方式。

本书描述的任何流程都不会以任何方式限制开发人员的创造力，从而避免了流程与创造力之间可能出现的矛盾。书中的大多数流程都提供支持性的框架，使开发人员能够更专注于重要的技术工作，以免受到异常项目的干扰。

3.1.4　过渡到系统化流程的理由

如果项目团队当前未使用系统化流程，那么转向系统化流程的一个简单方法是绘制当前的软件开发流程图，识别流程中需要改进的部分，然后尝试修复这些问题。尽管项目团队有的时候会说他们没有流程，但每个项目团队事实上都有某种形式的默认流程。如果他们声称没有流程，可能只是表示他们没有一个非常有效的流程。

最简洁的流程如下所示：

1.　讨论需要编写的软件；

2.　编写一些代码；

3.　测试代码以查找缺陷；

4.　找到缺陷的具体原因；

5.　修复缺陷；

6.　如果项目尚未完成，返回步骤 1。

本书将描述更复杂更有效的软件流程。

创建系统化软件流程时可能遇到的一个障碍是，项目团队担心因执行过多的流程而出错，或担心这些流程过于繁琐和限制太多而给项目带来过多负担。其实没有必要过分担心，原因有以下几点。

- 使用本书中描述的方法，项目团队将拥有相对复杂的流程，但不会感到负担过重。

- 软件项目的规模通常比最初预想的要大。更多的错误是因为流程太少而非太多。
- 如果需要，在开始时建立较多的流程，然后适当放宽一些流程要求，相比开始时流程过少而在项目中期再尝试添加额外的流程，这通常要容易得多。
- 流程较多的项目，造成的成本和时间消耗远远少于流程较少的项目，稍后会解释原因。

3.2　流程的上游和下游

设计良好的软件流程的核心是，在项目早期阶段清除问题的根源。这个概念极其重要，值得深入讨论。有时，经验丰富的软件开发人员会讨论软件项目的"上游"和"下游"概念。"上游"指的是项目的早期阶段，如需求开发和架构设计；而"下游"则指项目的后期阶段，如软件构建和系统测试。

用"上游"和"下游"之间的关系来考虑软件项目是一种非常直观的方法。可以想象项目人员在项目早期将工作投入流程中，而在项目后期，他们从流程中获取结果。如果早期工作充分，后期结果将更可靠，有助于项目成功。反之，早期工作不充分，可能会导致项目大量返工甚至失败。

研究人员发现，项目早期引入的错误若不及时纠正，其后期修正成本可能是早期的 50 至 200 倍。图 3-5 展示了这种现象。

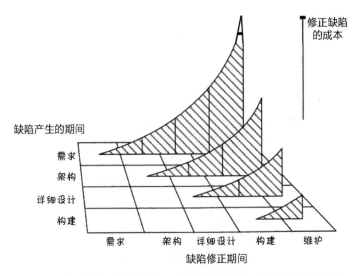

图 3-5　随着缺陷产生和缺陷修正之间的时间增加，缺陷的成本会增加。
　　　　有效的项目通常实行阶段遏制策略，即在缺陷产生的同一
　　　　阶段内，检测软件中的缺陷并及时进行修复

　　需求规范中的一条描述很容易扩展为多张设计图。到了项目后期，这些设计图可能转化为数百行源代码、数十个测试用例、许多页的最终用户手册、帮助页面以及提供给技术支持人员的指导等。

　　如果在需求阶段发现错误，最佳做法是立即修改错误的描述。等待错误需求在下游阶段产生后果后再修正，将增加修正成本。这种方法有时被称为"阶段遏制"，即在缺陷引入的同一阶段内检测和纠正缺陷。

> 成功的项目团队会仔细审查项目需求和架构，以便在上游阶段纠正问题。

虽然在上游活动中不会生成代码，看似推迟了项目的"实际工作"，但实际上这为项目的成功打下了坚实的基础。

过于复杂的流程可能会略微增加项目成本，而流程不足则可能导致后期缺陷纠正成本激增 50 到 200 倍。因此，明智的做法是在流程上适度投入，以免因流程不足而导致后期产生高昂的修正成本。

3.3 不确定性锥

前面提到，如果项目早期出现的错误留到下游阶段纠正，其纠错成本将远远高于上游阶段，可能是上游阶段的 50 到 200 倍。这一现象的原因之一是，上游阶段的决策通常对项目有着更为深远的影响。

在项目的早期阶段，项目团队需要解决一些大问题，比如是否要同时支持 Windows 和 MacOS 或仅支持 Windows，是提供用户可设定格式的报告还是只提供固定格式的报告。进入项目中期，团队需要解决一些中等规模的问题，比如需要多少个子系统、如何处理错误信息以及如何使老项目的打印例程适应当前项目。到了项目的后期，团队解决的是一些较小的问题，比如使用哪种算法，是否允许用户在操作过程中取消等。

如图 3-6 所示的不确定性锥，软件开发是一个从大到小、由宏观到微观的逐步精确化的过程。项目中投入的时间，实质上是进行深思熟虑的决策所需的时间。在项目的某一阶段做出的决定，会影响到下一阶段的决策。

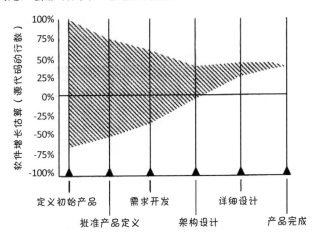

图 3-6　不确定性锥揭示了软件项目决策从宏观到微观的演变过程。
　　　　在完成一个阶段的主要工作之前，项目团队往往对该阶段所做
　　　　决策的后果了解有限。这个过程体现了从大局到细节的逐步变化，
　　　　随着项目的推进，对决策后果的认识逐渐增多

在项目团队做出初期决策之前，通常只能对后期的决策方向进行粗略的逻辑分析。在细化完成一个层级的决策后，团队能对下个层级的决策细节做出更精确的预估。在较低层级做出当前最合理的决策后，团队有时可能无法预见到在更细化的层

级上可能遇到的问题，这可能需要他们回到较低层级，撤销或调整某些已完成的决策。这可能意味着项目团队需要重新设计某些程序、模块或子系统。

要想全面理解软件开发，项目团队就必须在某个阶段思考并做出全部决策，以便充分了解下一个阶段，并依此估算各项决策可能涉及多少工作。

项目估算带来的其他影响有哪些呢？

不确定性因素对软件项目的估算产生了重大影响。从理论上和实际操作上讲，项目早期阶段很难进行准确的估算。尽管需求开发阶段结束，项目的规模仍然受制于许多未确定的因素，如架构、详细设计和编码等。如果有人声称在实际做出众多决定之前就能准确预估这些决定的影响，那么此人要么具备非凡能力，要么对软件开发的本质理解不够深刻。

另一方面，如果有人把项目的时间或预算目标作为最高优先级，并试图控制决策过程，就必须非常关注项目的运作情况。为了实现这些目标，他们可能愿意减少计划中的软件功能，确保项目早期明确设定的时间和预算目标保持不变。这也是一种有效的决策方式。成功实现时间或预算目标的关键是，在项目开始时设定清晰且无冲突的目标，保持产品概念的灵活性，并在项目剩余时间内积极跟踪和控制开发工作。

> 在项目早期，锁定成本和时间目标是可能的，或者可以锁定一组功能集，但很难同时锁定成本、时间和功能集。

生存检查清单

☺ 项目领导层认同建立明确流程的重要作用并支持相关的活动。

☺ 项目流程中，往往要强调尽量多在上游检测出问题。

☺ 项目领导层认识到，项目前半期的估算本身是不精确的，需要随着项目的进展不断完善。

❧ 译者有话说 ❧

本章深入探讨了项目生存周期的概念。作者指出，无论成功或失败，每个软件项目都有其独特的开发流程和发展趋势。若管理不善，项目中期可能出现长时间的停滞状态，导致成本上升和进度延误，最终耗尽所有项目资源。

因此，应尽早建立合理的开发流程和管理机制，制定项目愿景、计划和控制策略。这有助于提高效率、降低成本，增强项目的可预测性和抗风险能力。同时，应分阶段向用户和市场发布软件产品，以提升团队的创造力和士气。

作者引入了项目"上游"和"下游"的概念，强调了上游活动（如项目计划和软件架构）的重要性。因为上游阶段的错误如果推迟到下游阶段（如软件开发和发布）才修正，纠错成本往往是上游阶段的 50 到 200 倍。此外，时间进度、成本和功能集是影响项目成败的三大要素，项目团队必须在这三个方面找到合理的平衡点。

第4章 项目生存的关键方法

　　软件项目本质上是复杂的，因此，如果没有周密的计划，复杂的项目很难确保取得成功。通过周密的规划，项目团队可以更有效地管理软件项目，让更多的人了解到项目的最新进展，同时团队也能获得必要的支持来完成任务。软件项目也充满了风险，如果缺乏主动的风险管理策略，项目成功的可能性极小。鼓励用户早期参与并持续跟踪项目进展和预期成果，确保产品具备必要的最小功能集，这些都是降低项目重大风险的有效策略。

　　小型项目或许可以靠坚持和运气取得成功，而大型项目的成功则需要更系统的管理方法。本章将概述确保中型项目和大型项目取得成功需要哪些关键方法。

4.1　规划

　　许多技术工程师更倾向于从事技术工作，而不愿意花时间做计划。同时，很多技术经理由于缺乏足够的技术管理培训和经验，对自己制定的计划是否能够改善项目结果缺乏信心。因此，无论是技术人员还是技术经理都不愿意承担项目计划任务，导致项目计划难以有效执行。

　　不做计划是项目团队可能犯的最严重的错误之一。有效的规划可以帮助我们在成本较低的上游阶段解决问题，而不是在下游阶段付出更高的成本去"亡羊补牢"。如果上游没有周密的计划,项目平均要花大约 80%的时间完成未计划的返工任务和修复项目早期的错误。

软件开发的成功往往在于早期识别和修正一系列小错误,从而避免后期出现严重问题。例如,在设计阶段,设计出 4 种方案,经过挑选后丢弃其中的 3 种方案,这相当于识别并放弃了 3 个小错误。但是如果没有做足够的设计工作就盲目地进入编程阶段,导致需要重写 3 遍代码,这就是因为错误决策而造成重大返工。另一个例子是,由于上游的小错误在下游修复的成本是在上游修复成本的 50 到 200 倍,所以经过精心计划的项目有机会以较低的成本解决尽可能多的错误,其成本仅为潜在成本的 1/50 到 1/200。

项目团队从哪里挤出时间做计划工作呢?答案很简单:大部分项目都会花费很多时间在事先未计划的返工任务上。如果事先投入少量时间做周全的计划,返工的时间自然会大大减少,从而减少总的时间投入。在上游活动花更多的时间不见得都能减少下游的工作量,但其中大部分的时间都会产生好的效果。根据上游质量保证的经验统计,在上游活动中花费的每个小时,如技术审查,将为下游节省 3 到 10 小时的工作量。也就是说,开发人员在审查项目需求或体系结构上花费 1 天时间,通常会节省项目后期的3 到 10 天的时间。

软件规划示例

项目团队应如何规划项目以确保按预算交付软件？精心计划的项目应该具有以下特征。

- 软件开发计划：该计划为项目绘制了一个路线图。编写这样的计划，供项目的利益相关者在整个项目过程中参考。
- 项目估算：该估算为项目的计划奠定了基础。精细的估算能更准确地确定项目规模，帮助制定合理的项目预算、人员分配和时间进度。若估算偏差过大，可能会导致项目多方面问题，影响项目高效完成，甚至可能导致项目中止。
- 更新估算：在项目的每个主要阶段结束时，应进行重新评估，以确保项目目标的稳定性。
- 质量保证计划：质保证计划包括技术审查和测试，避免项目陷入费时费力的测试—调试—修复循环。
- 分阶段交付计划：分阶段交付计划定义了软件构建顺序，旨在确保每个阶段的交付成果最大化地为客户创造价值，同时最小化项目风险。

除了上述计划活动，软件项目中还有其他几个主要活动同样属于计划活动的范畴，尽管很多人都不这么认为。

- 需求开发：这个阶段详细阐述项目团队致力于解决的

具体问题，这个问题正是用户亟待解决的痛点。

- 架构：在更高层次上规划如何解决问题，制定出一个合适的计划和结构来解决这个正确的问题。
- 详细设计：为项目构建的蓝图，描述了如何构建方案的细节，确保以恰当的方式解决问题。

4.2　规划检查点的审查

上述计划对项目的成功至关重要。研究报告表明，在项目的大约前 10%这个阶段，便能预测其最终的成功或失败。这个比例并非固定不变的，重要的是在项目的早期阶段，项目团队应该制作出用户界面原型、详细需求和详细项目计划，包括对成本和进度的详细估算，并根据这些信息做出"继续或终止"项目的决定。

4.2.1　两阶段筹资方法

在一些机构中，进行软件项目筹资时，会面临一个重大问题。项目经理在尚未完成探索性工作的情况下，就需要决定整个项目的资金需求。这种资金预估难免会与实际花费相差甚远，因为项目经理对所需开发的软件了解有限，难以做出准确的成本和时间估算。在软件行业的实践中，我们发现项目初期的成本估算往往存在很大误差，实际成本可能在初期估算的 1/4 到 4 倍之间波动。

一个更有效的管理方法是，项目经理分两个主要阶段申请资金支持。首先，项目经理申请项目探索阶段的资金，这一阶段将完成项目总体计划的 10% 到 20%。探索阶段结束后，项目团队将进行一次规划检查点评估。在这次评估的基础上，公司高层管理或客户将做出是否继续项目的决策。如果决定继续项目，项目经理可以为项目的其余部分请求资金。尽管此时项目成本的预估可能仍与最终成本存在较大差异，但已完成的探索性工作已将预估误差从可能的 4 倍降低到 50% 左右。

4.2.2　准备规划检查点的审查

在进行阶段性审查之前，项目团队需要提供本书中讨论过的以下材料：

- 关键项目决策人的姓名；
- 项目的愿景；
- 软件的商业案例；
- 初步工作和时间目标；
- 初步工作和时间估算；
- 十大风险清单；
- 用户界面风格指南；
- 详细用户界面原型；
- 用户手册和需求规范；
- 软件质量保证计划；

- 详细软件开发计划。

没有准备好相关资料就规划检查点审查是毫无意义的，因为缺乏足够的信息来确定项目的可行性。项目团队若迟迟不提供支持规划审查的材料，可能意味着项目运行效率低下，且面临巨大失败风险。

准备这些材料所需的时间取决于确定软件需求的工作量大小。如果最终用户对所需构建的软件有清晰认识，准备材料的时间可能只占软件总开发时间的 10%。在更典型的情况下，这一工作可能占总开发周期的 10% 到 20%。对于某些项目而言，最具挑战性的部分是帮助最终用户明确他们想要构建的软件，这可能需占据总开发周期的 25% 甚至更多。在申请初始项目资金和进行规划检查点审查时，应充分考虑需求工作的这种可变性。

4.2.3　规划检查点审查议程

规划检查点审查应侧重于以下主题：

- 最初的产品概念是否仍然可行？
- 是否有可能开发符合项目愿景的产品？
- 考虑到成本和时间的估算已经更新了，软件的商业案例仍然是合理的吗？
- 是否能够克服项目的主要风险？
- 用户和开发人员是否能够就详细的用户界面原型达成

一致？

- 用户手册和需求规范是否完整和成熟，可以为下一步的开发工作提供参考资料？
- 软件开发计划是否完整到足以支持下一步的开发工作？
- 完成项目的估算成本是多少？
- 完成项目的预计时间进度是什么？

如果团队已经完成了项目的前 10%到 20%的工作，那么应该具备足够的信息来回答上述问题。这些问题的答案应该给客户或高层管理人员足够的信息来决定是否为项目的第 2 阶段提供资金。

4.2.4　规划检查点审查的主要意义

软件项目资金申请分为两个主要阶段，可以在以下三个方面帮助软件组织：首先，这种做法赋予软件组织更大的主动权，使其能够在早期阶段决定是否终止一个表现不佳的项目。虽然人们常将所有被取消的项目视为失败，但如果项目在完成 10%到 20%后显然无法继续，则及时取消是更明智的选择。与在项目完成 80%到 90%时终止相比，在项目仅完成 10%到 20%时取消可以节省更多资金，这些资金可以用于支持其他项目的探索阶段。

其次，将大部分资金申请推迟到项目完成 10%到 20%之后，可以使得后续资金的分配更为合理和可靠。

第三，通过要求项目经理在完成项目 10% 到 20% 的工作后才能为项目的其余部分申请资金，可以促使项目经理更加专注于对项目成功至关重要的上游活动。这些上游活动经常被简化或忽视，而这种忽视所造成的破坏性后果直到项目后期才会暴露。在下游阶段修正这些问题将会产生更高的成本，因此要求项目团队在继续下游工作之前完成最重要的上游工作，可以大大降低整体项目的风险。

4.3 风险管理

风险管理是一种特殊的计划。任何参与过大中型软件项目的人都知道，在项目进程中有很多事情可能会出错。成功的项目会采取主动措施，避免被动应对突发事件。你可能天性乐观，但对于软件项目，有句老话说得好："晴带雨伞，饱带干粮。"

与软件项目相关的一些严重风险与风险管理计划的优劣紧密相关：

- 没有计划；
- 无法遵守已经创建的计划；
- 当项目环境变化时没有及时更新计划。

软件开发是高风险活动，不主动管理风险的项目等于忽略了软件行业数十年的经验和数千次的教训。通过积极的风险管理可以防止或减少许多风险。如果没有积极处理风险，许多相同的风险可能会反复出现，对项目造成损害。

选择本书介绍的生存策略和实践的原因是，这些方法的风险较小，且更便于检测和控制风险。风险管理对于软件项目来说是不可或缺的。正如汤姆·吉尔伯所说，如果不主动搞定软件项目的风险，风险就会主动把你搞垮。

4.4　项目控制

本书的主题之一是如何控制软件项目以满足时间表、预算和其他目标。对某些人来说，"控制"这个词听起来可能不够人性化。他们可能认为这是对人的控制，让人联想到一个控制欲很强的项目经理，手上拿着鞭子，戴着象征权威的铜环[①]，耀武扬威的样子。

记住，失控的对立面是掌控。

有一种观念认为，项目可以在不直接干预个人或团队的情况下，通过其他方式进行一定程度的控制。然而，我的直觉和经验告诉我，这是不可能的。 控制项目实际上是控制项目的流程、结构、标准及方法等，而非对人的直接控制。以下是控制的一些例子。

---

① 译注：又称铜指虎或指节铜环。在美国得克萨斯州的刑法中，将这种指扣定义为"任何握拳时扣于指节中进行攻击以造成人身伤害或死亡的坚硬手指指环或防护装置。"

- 选择软件生命周期模型，例如本书中使用的分阶段交付模型，为项目的技术工作提供框架。

- 管理需求变更，只接受那些必要的变更。

- 建立设计和编码的标准，确保设计和生成的源代码相互兼容。

- 为项目创建详细的计划，确保每个开发人员的工作有助于实现项目目标，并且不会与其他开发人员的工作发生冲突。

技术工作的项目控制并非自然而然形成的，它需要积极的项目管理和持续的控制活动，以确保控制被明确地建立在项目中。本书的其余部分将讨论具体的控制活动。

4.5　项目的可见性

"可见性"这个概念与项目控制密切相关，它指的是确定项目实际情况的能力。项目是在预定进度和预算的 10%范围内进行，还是已经超出了预算或进度的 100%？项目是在按计划实现其质量目标，还是已经落后于计划？如果项目团队无法回答这些问题，说明团队没有足够的可见性来控制其项目。提高项目可见性的有效做法如下。

- 使用愿景和目标来设定项目的广义目标。如果不清楚项目的发展方向，就无法完成项目。

- 在项目完成 10%的工作量后举行规划检查点的审查，以确定项目是否按计划可行并可能按时完成。

- 定期比对项目的实际表现和计划表现，以判断计划的有效性及是否需要调整或采取修正措施。

- 使用明确的里程碑状态来确认任务完成状态，将任务明确标记为"100%完成"或"未完成"。历史经验表明，容忍"100%完成"与"90%完成"之间的差异，实际上会将项目状态从"非常好"降低到"令人担忧"。

- 定期使产品达到可交付状态，以帮助确定产品的真实状况并控制其质量水平。

- 在每个项目阶段结束时，根据更多的产品信息和对规划更深入的理解来调整估算，以支持改进后的项目计划。

项目团队往往只有在经历失败后才意识到项目的可见性并不是天生的。如果你希望获得良好的可见性，必须从项目一开始就把它纳入计划之中。准确了解项目当前的真实状态是顺利完成项目的关键所在。

4.6　人件

软件开发依赖于创造力、智慧、主动性、持久力以及团队成员的内驱力。关键在于，不论采用何种高效的软件开发方法，如果开发团队没有积极参与，项目就不可能成功。产品可能上市，但质量难以达标，与业界顶尖产品的差距显而易见。生产低质量产品的团队士气难以提振，团队中的一些成员可能在产品发布几周后选择离职。

汤姆·迪马柯和蒂莫西·李斯特提出的"人件"这个概念，强调了在软件开发中认识到人的作用之重要性。如果你不是软件开发人员，了解到最重要的人件管理原则后，你很可能会感到惊讶。

4.6.1　开发人员的兴趣与工作分配要对齐

通常，要想充分激发软件开发人员的潜能，一种有效的方法是确保其兴趣与分配给他们的任务相匹配。对工作感兴趣的开发人员会表现出极高的主动性和热情，而那些觉得工作单调的人则可能会失去动力。经过 15 年的研究，罗伯特·扎瓦茨基报告说，大约 60%的开发人员之所以效率高，是因为他们的工作与其兴趣是一致的。为了实现最高生产力，应该将他们真正感兴趣的任务分配给他们。

> 一些人可能沉迷于追求不可能实现的目标，但开发人员更倾向于关注务实的目标和成果。因此，设定不切实际的目标通常会导致他们失去热情。

4.6.2   向开发人员表达诚挚的谢意

像所有人一样，开发人员也喜欢受到表扬。如果项目发起人真诚地感谢开发人员，开发人员将会更愿意为项目而努力。如果开发人员发现这种感谢是虚假的或者装出来的，他们的效率将会下降。不要试图通过鼓励师（啦啦队）、提出不可能实现的挑战，或者用奖金来激励开发人员。

4.6.3   提供有利于思考的办公空间

软件开发是一个不断发现和发明的过程。最适合这一过程的氛围是放松和沉思的氛围。高效的软件开发要求开发人员的专心程度达到类似于数学家或物理学家的水平。你能想象这样的场景吗？阿尔伯特·爱因斯坦坐在自己的办公桌前，而他的经理却冲着他大喊："阿尔伯特，我们就现在需要这个理论！现在就要！快点想！"由于软件开发人员不像阿尔伯特·爱因斯坦那样聪明，他们需要一个更加支持和包容的工作环境。

4.6.4   避免开放式工作空间

我经常听到人认为开放式工作空间有利于软件项目的沟通。问题在于，开放式工作空间虽然鼓励偶然的、随意的沟通，但这种沟通方式往往会降低生产力。例如，在开发人员经常碰面的地方安装饮料机，可以促进非正式交流，这在开发人员需要休息或不想集中精力解决复杂技术问题时是有益的。

尽管支持开放式工作空间的论点看似有吸引力，但实际上它可能并不适用于所有情况。软件研究数据清楚地表明，开发人员在单间或两人间办公室中的工作效率最高。例如，研究发现，在私人的、安静的办公室工作的开发人员的生产力水平要比在开放式工作空间工作的高出 2.5 倍。软件开发是一项需要高度专注的脑力活动，电话铃声、公共空间的公告以及频繁的讨论和闲聊都会严重影响思考的效率。

> 管理者在工作期间，可能每隔几分钟就需要转移一下工作重点。相比之下，软件开发人员通常需要几个小时才能从一项任务转移到另一项任务。

出于各种限制，许多组织无法为开发人员提供安静的私人办公室。这可能是因为办公空间有限，无法为所有开发人员分配一间办公室，或者是因为私人办公室通常被视为高级职位的象征，不适合为所有职位提供。一些组织发现，将软件开发团队安置在专用的办公区域能够更有效地提供高效的工作环境。还有一些公司提供降噪耳机，为员工减少干扰，或者支持在家远程工作，以此来逐步改善开发人员的工作环境。

如果软件组织无法为开发人员提供无干扰的安静环境，可能需要适当调整对他们生产力的期望。

4.7 用户参与

从多个方面来看，用户的参与对软件项目至关重要。首先，构建软件的成功目标是创建最终用户将使用和喜爱的产品。软件开发人员有时会过分关注技术的先进性，可能更倾向于用最新技术解决问题，而这些技术可能并不是用户真正关心的。市场营销人员常犯的错误是为软件产品增加太多功能，导致用户难以找到自己真正需要的功能。

其次，开发用户喜爱的软件产品并不难。项目团队需要询问用户的需求，展示计划构建的产品，并认真倾听用户的意见，直到完全理解用户反馈中的明示和暗示信息。

项目团队必须全面了解用户的需求。用户也需要理解，开发人员展示的原型仅用于收集反馈，并不代表最终软件。确定谁是软件"真正的用户"也是个难点，这将在第 8 章详细讨论。

用户的早期和持续参与对节省时间至关重要，因为它直接减少了软件需求变更的主要原因。未能在项目启动时准确定义软件需求往往导致后期的需求变更。如果用户没有尽早参与，他们在后期审查时可能会提出不符合需求的工作方式。在这种情况下，开发团队将面临一个艰难的选择：是忽略用户的新要求，继续遵守原预算和时间表；还是在项目后期匆忙应对用户的需求，可能导致预算和时间表的延误。团队和用户通常会达成折中方案，接受简单更改，而将复杂的变更推迟到后续版本。虽然软件具有可塑性，但最好让用户尽早参与，以避免在不必要的功能上耗费时间。

这种后期发现的用户需求会导致需求与预算/时间表之间的折中。与缺乏用户早期参与的项目相比，那些从早期就有用户参与的项目往往能够交付更高质量的产品。从外部功能角度看，这样的软件更符合用户的实际需求和期望，这本身就是质量的体现。在内部实现方面，需求改变减少，产品架构、设计和实现更加稳定，软件缺陷也会减少。如果用户期望在项目进行中发生变化，软件的内部质量可能会急剧下降，因为开发人员需要将他们之前未预见的新功能集成进已有架构中，而这些新加入的功能可能与原有架构不兼容。

除了早期参与，用户还需要持续参与项目。软件项目很少能在第一次尝试时就找到完美的解决方案。通常，软件项目需要生成多个版本的用户界面原型，直到用户满意并确认"是的，这就是我想要的软件。"成熟的用户界面原型可以更快地塑造成最终用户想要的样子，随着软件的开发，其可用性也会得到改进。在项目计划中增加面向用户的定期审查，有助于团队进行一系列小规模、低成本的中期修正，而不是在项目结束时进行一次大规模、高成本的改动。本书使用分阶段交付，这种方法提供了多次中期修正的机会。

让用户参与活动不一定意味着高成本。在《可用性工程》

一书中，雅各布·尼尔森指出，在招募大约 3 名用户进行可用性测试时，收益/成本比例最高。有大约 15 名测试用户时，收益与成本比例仍然大于 1。

1994 年，Standish Group 公司对 8 000 多个软件项目进行了审查。他们的研究结论是，最终用户的参与是项目成功的最重要因素之一。在失败的项目中，缺乏用户输入是导致失败的重要原因之一。计算机软件快速开发的专家表示，随时可以联系到最终用户是快速开发项目中关键的成功因素之一。

用户全程参与整个项目是一项关键的软件项目生存策略。

4.8　产品极简主义

关于软件组件和功能的复杂性方面，成功项目的开发过程从需求阶段到发布阶段都要遵循"少即是多"的原则。由于软件开发工作的精神压力较大，项目的工作人员必须使项目尽可能保持简单，避免不必要的复杂性。功能规范、设计和实现都应该强调简单性。许多开发人员对复杂的问题感兴趣，因此他们倾向于使问题变得更复杂。然而，找到简化项目的方法才是成功的秘诀。

开发人员要寻找最直接的方法来实现项目目标，消除尽可能多的复杂性，从而避免产生大量错误。大多数功能可以按照实现时间的长短，划分为从 2 小时、2 天、2 周或者 2 个月不等的简化版本。开发人员应从最简单、最直接、最不容易出错的版本开始做起。如果这个版本不能满足需求，开发人员应该接着实现更复杂的版本——比如 2 天的版本，并验证其是否符合需求。这些时间指标不应按字面意思理解，对于一些复杂功能，即使是最简单的版本有时也需要数天或数周才能完成。无论在什么情况下，开发人员都应该先考虑最简单的版本。

法国作家伏尔泰说："在完成一篇好的文章时，并不是说没有任何内容需要补充，而是没有任何内容可以删除。"软件项目的默认原则是，要为简化软件而移除多余的元素，而不是添加新的元素使其更复杂。

4.9 专注于软件交付

高效率开发团队所做的一切努力都只有一个目标：成功将产品推向市场。微软公司采用了一个特别有效的方法，即强调软件交付。全程参与项目从启动到发布的开发人员将获得交付奖，以表彰他们对项目完成的推动。在微软公司工作多年的开发人员通常会获得多个庆祝软件交付的奖项。这种简单的做法能够让开发人员明白，微软是通过不断发布软件产品来创造价值，而不只是通过软件开发过程。大多数其他软件公司也是这样做的。

对于服务内部客户的软件开发人员而言，专注于软件发布也同样重要，就像为普通大众发布软件的开发人员一样。明确的愿景可以帮助任何类型的软件开发团队专注于产品发布的目标。如果开发人员对项目有不同的愿景，那么项目相关方就需要花时间、精力和资金来协调所有这些愿景，直到各方达成一致。

清晰的架构可以帮助开发团队瞄准发布目标。没有好的架构，项目团队将无法专注于技术工作，而如果有好的架构，团队将能够从更深入的技术层面上明确工作重点。

软件开发团队必须确保每项技术决策都有助于满足系统必须具备的最少功能。如果项目团队正在开展一个大学课程的学术研究项目，可能有必要使软件工具能够支持任意复杂度的程序。但是，如果团队正在开发商业产品，其使命是为解决商业问题提供最简洁的解决方案。任何违背这一使命的选择都应该被否决。

本书想要表达的是，软件开发本质上是一项旨在实现具体目标的功能性活动。虽然它融合了美学和科学的元素，但它既不是纯粹的艺术，也不是纯粹的科学。高效率的软件开发人员明白，软件项目的目的不是为开发人员提供高科技的实验场，因此要相应地设定其活动的优先级。微软公司的经验表明，许多团队已经形成了追求最佳成果的强烈意愿。然而，也有部分开发人员并没有把追求项目成功视为工作的核心，因而忽视了项目成果的重要性，这种态度对取得项目的成功毫无帮助。

生存检查清单

☺ 项目团队创建详细的书面计划，以便在项目早期发现并解决可能代价高昂的问题。

☺ 项目强调了上游工作的重要性，并且在项目完成 10%左右时，通过规划检查点的审查来做出继续或终止项目的决策。

☺ 项目实施积极的风险管理。

☺ 项目计划强调可见性和控制力。

☺ 项目计划要求最终用户从项目早期开始参与，并持续参与直至项目结束。

☺ 该项目需考虑生产环境的因素和实施，以确保交付的软件产品能满足实际生产环境的需求。

☺ 项目计划要求一种采用循序渐进的方法，即从简单到复杂。

❧ 译者有话说 ❧

　　本章中，作者重点介绍了下面几个最基本的项目生存管理方法。

1. 合理的计划：确保计划涵盖软件开发的各个阶段，包括项目估算、分阶段交付、需求开发、架构设计、详细设计、软件构建和发布等。

2. 在项目进程中设置规划检查点：审查实际进展与预算偏差，并根据需要进行调整，同时提出两阶段筹资策略。

3. 风险管理：采取主动措施，做好最坏情况的准备。

4. 项目控制：确保对项目的流程、结构、标准和方法进行有效管理。

5. 提高项目的可见性：确保项目团队和相关方能够及时获取整体目标和具体执行状态的信息。

6. "人件"：此术语虽使用不太普遍，但强调软件开发依赖于团队成员的创造力、主动性、持久性和高昂的士气。

7. 用户参与：确保用户全程参与软件项目，以保证最终产品满足用户的需求和喜好。

8. 产品极简主义：成功的项目开发应遵循"少即是多"的原则，从需求阶段到发布阶段。

9. 专注于软件交付：衡量员工绩效的重要标准是有没有对简洁有效的商业问题解决方案和发布优秀软件做出贡献。

第 5 章　成功的软件项目知多少

　　软件项目本质上是一个探索和创造的旅程。高效管理软件项目的一个方法是分阶段交付，即分阶段逐步开发和交付软件功能，优先交付最关键的功能。随着项目的推进，多项任务同时进行，它们通常遵循从抽象概念到具体实现的转变过程。在项目过程中，源代码的增长趋势呈 S 形而非线性，大多数代码是在项目中间三分之一时间段内编写的。跟踪代码的增长趋势有助于深入了解项目的状态。高层管理人员、客户和用户可以通过关注明确定义的主要里程碑和可交付成果来跟踪项目的进展。

　　本章将从高层次概述一个成功项目的全貌，并站在不同的视角深入了解项目的流程、人员配置、活动进度、代码增长、项目的主要里程碑和可交付的成果。

5.1　研发阶段

　　在探讨软件项目的不同阶段之前，我们需要理解项目是如何从定义问题到交付软件的。

　　软件项目分为三个概念阶段。在项目的早期阶段，重点是"发现"，尤其是发现用户的实际需求。第一阶段的特点是通过技术调研将不确定区域转换为确定区域——通过与用户沟通和构建用户界面原型来实现。

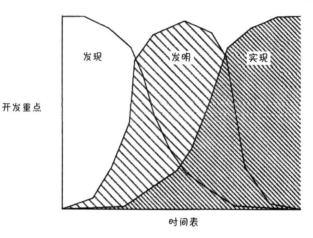

发现　　　发明　　　实现

开发重点

时间表

图 5-1　软件项目的概念阶段。项目每个阶段所做的工作类型不同，在整个项目中，每种类型的工作都在不同程度地发生

在项目的中间阶段，重点转向创造性的发明工作。在宏观层面，开发人员设计了软件架构。在微观层面，每个功能或类可能都需要一些创造性的设计。

与发现阶段一样，发明阶段的特征是将不确定性转为确定性。然而，与发现阶段相比，发明阶段的不确定性通常更高，因为在发现阶段，开发人员可能期望总能找到解决方案，但到了发明阶段，这种期望可能并不总是能实现。

在项目的最后阶段，重点再次转移，转向实现。与发现阶段和发明阶段不同，实现阶段的确定性更高，并侧重于具体实现发现阶段和发明阶段设计的解决方案。

发现、发明和实现这三个阶段在软件项目的整个过程中是
同时进行的。因此，将项目严格规划为不同的时间阶段并不准
确。项目计划应该灵活，允许在不同时间点重点执行这些
活动。

5.2　项目流程

在某些软件开发方法中，项目团队可能会在不被外界注意
的情况下完成生命周期的大部分工作。技术项目在报告进度时
常常会说"完成了 90%"，但如果项目在完成前 90%的工作中
已经用掉 90%的时间，那么剩余的 10%可能同样需要耗费大量
的时间，因此，这样的进度报告并不能给经验丰富的客户带来
太多安全感。

本书中描述的项目计划遵循"分阶段交付"这个通用模
式。这种计划规定团队在整个项目过程中的每个阶段都要向用
户交付软件，而不是在项目结束时一次性交付。

从分阶段交付模式中可以观察到，它注重规划项目细节和
降低风险。项目组首先构建软件的基本概念，随后收集和分析
用户需求，然后进行架构设计。每个阶段的工作都要主动进行
风险管理和精心计划，目的是尽可能消除潜在风险。在每个实
施阶段（如图 5-2 中的阶段 1-n 所示），项目团队都要进行详
细设计、编码、调试和测试并在每个阶段结束时产出可以发布
的产品。该图显示了三个阶段，但实际项目中的阶段数可以根

据项目需求调整。至于实际项目中会有多少个阶段，则根据项目需求进行调整。有些项目可能只有三四个阶段，而其他项目可能有更多阶段。一些项目采用敏捷开发模式，每周可能都会推出软件的新版本。

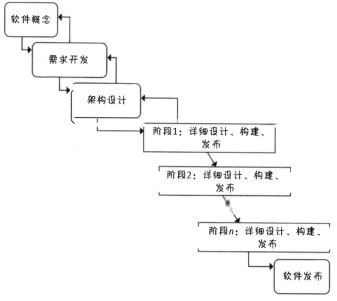

图 5-2 分阶段交付。首先仔细定义和设计项目，然后通过连续几个阶段发布产品功能

5.3 分阶段交付的好处

分阶段交付软件提供了几个重要的好处，以下各节将分别介绍这些好处。

- **关键的功能要早点交付**：分阶段交付的项目通常会优先交付软件中最重要的功能。期待着特定功能的用户不必等到整个产品完成，只要等到产品的第 1 阶段完成即可。不同于时间紧迫的项目中常见的无效工作和混乱，分阶段交付是一种更有价值的方法。

- **降低早期风险**：这种方法强调整个项目的规划和风险管理。分阶段交付产品可以显著降低集成失败的技术风险，因为它要求项目频繁进行内部集成，而非在项目末尾一次性集成。此外，该方法通过早期交付软件版本给最终用户来减少需求变更的风险，通过在多个阶段产生可识别的项目进展来降低管理风险，通过在每个阶段结束时提供修正计划的机会来降低计划风险。

- **发现早期问题**：通过提前规划并频繁发布软件版本，有望获得早期、频繁且准确的进度反馈，这些反馈清楚表明产品是否能够按时完成。同时，产品质量与发布标准有哪些差距也一目了然。如果开发团队遇到问题，这种情况会在前几个版本中被发现，以免在项目"完成90%"时才意识到没有任何功能可以正常工作。

- 减少状态报告负担：分阶段交付不仅可以有效减少管理工作，还能减轻开发人员编写进度报告和其他传统进度跟踪文件的负担。

> 可以运行的软件本身就是更准确的状态报告，胜过任何书面报告。

- 分阶段交付可提供更多选项：项目团队在每个阶段结束时都有一个可发布的软件，这并不意味着必须真的发布软件，但只要团队愿意，完全可以这么做。努力使软件达到可发布状态可以提升软件最终发布的可能性，因为这意味着团队已经有了一个准备就绪的产品。如果不实行分阶段交付策略，选择就比较有限。

- 分阶段交付可减少预算错误的可能性：通过早期频繁交付，分阶段交付有助于减少预算误差。相比对整个项目进行一次性大规模估算，项目团队能够对几个小型版本进行更精确的预算估算。每一次阶段性的发布都是一个学习预算误差、调整策略并提高当前及未来项目估算准确性的机会。

- 分阶段交付改进灵活性，提升效率：分阶段交付为项目团队设定了一系列预定义的时间节点，这些节点允许团队在两个阶段之间评估并考虑如何改进。通过在

分阶段过渡期间考虑软件功能的变更，可以避免团队
不断处理变更请求，而是更专注于定期考虑如何改
进。

5.4　分阶段交付的成本

从前面列出的优点来看，分阶段交付似乎非常有效，但这
并不意味着它没有缺点。分阶段交付确实有一些显著的成本。
例如，多次让软件达到可发布状态需要投入额外的时间，重新
测试每个阶段已经测试过的功能，执行版本控制(与版本交付相
关)，管理支持多版本所带来的额外的复杂性。在生产环境中部
署分阶段交付的软件，还将导致额外的实际运营成本以及分阶
段发布计划的成本。

其中一些成本实际上并不是附加成本，而是在项目末期才
显现的隐藏成本。分阶段交付方式使得这些成本提前显现，例
如，检测和修复缺陷的成本就属于这类成本。初次参与分阶段
交付项目的人员有时会感觉大部分时间都在修复缺陷。实际
上，他们正在修复那些迟早需要解决的缺陷。与传统方法相
比，分阶段交付使得缺陷能够在项目早期被发现，并在问题产
生不久后就被修复，从而降低了修复成本。

不过，的确有些成本是新增的，与软件的多次发布相关的
活动确实会增加项目的额外成本和整体成本。

> 分阶段交付并不是解决所有问题的万能钥匙。然而，总体上看，为之付出的这些额外努力显著提高了进度和质量的可见性、增强了灵活性、提高了预算估算的准确性并减少了风险。

5.5 阶段计划

如图 5-2 所示，分阶段交付意味着早期项目活动，例如需求分析和架构设计等，需要依次进行，每次专注于一项任务。在将需求纳入架构设计之前，必须完成大部分的需求工作，在进行详细设计和编码之前，需要先完成大部分的架构设计。但实际上这些活动是重叠的，这种重叠既是不可避免的，也是合理的。

许多活动在项目的整个生命周期中都有一定程度的重叠，但在早期阶段，一项活动应该在下一项活动开始之前完成。之所以建议采用这种方法，是因为随着时间的推移，修复错误的成本往往会变得更加昂贵。我们采用 80/20 原则作为参考，在开始架构设计前完成 80%的需求开发，在开始详细设计前完成 80%的架构工作。80%这个数字并不是绝对的，但它提供了一个值得参考的目标：它允许团队在项目开始时就完成大部分的需求工作，同时默认一个事实：不可能完成所有需求开发。

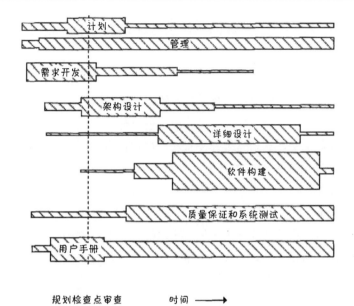

规划检查点审查　　　　　时间 ⟶

图 5-3　典型的活动重叠。需求开发和体系结构的早期活动与后续的详细设计、编码、集成和测试活动不会有重叠。图中条形的厚度表示项目在各阶段的相对人员配置

　　详细设计、编码、集成和测试几乎在同一时间完成，这是因为分阶段交付方法会在每个阶段内形成设计、编码、集成和测试的小周期。用户文档的编写是开发过程中的一个重要步骤，它较早开始，并持续于整个项目周期。

　　项目管理和计划贯穿了整个项目。图 5-3 所展示的复杂性可能让人感到这种细分仅适用于大型项目，但实际上，几乎所有项目都会执行这些基本活动，只是规模和强度各不相同。

5.6　团队建设

从人力资源配置的角度看，管理有效的分阶段交付项目主要分为两个阶段：软件定义和分阶段交付。第一阶段主要聚焦于软件定义，包括需求开发和软件架构构建。这一阶段的总体工作量远低于后续的开发和实现阶段。在这一阶段，10%到20%的工作量用于做出决策：是继续项目还是终止项目。负责这项工作的应该是经验丰富的高级开发人员。

第二阶段是分阶段交付。在此阶段，项目团队致力于详细设计、构建和测试软件。技术高超的高级开发人员在这一阶段仍然会发挥重要作用，同时，质量保证人员、技术文档编写人员和初级开发人员也会加入进来。

在项目的后半期，质量保证、详细设计和编码的工作量通常会保持相对平稳。与一次性交付的开发方法相比，后者在项目中期员工数量达到高峰，然后在项目结束时逐渐减少。分阶段交付项目可以在项目的大部分时间使用相对稳定的人员配置模型，充分权衡现金流、招聘、培训、测试以及时计算资源的利用。

图 5-4 显示了项目活动的典型工作量分布，这可以更清晰地反映各项活动的总时长和工作量。

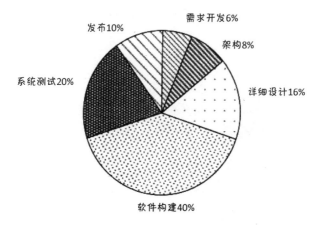

图 5-4　根据活动类型分布的人力资源消耗百分比

请注意，图 5-4 中的发布活动在图 5-3 中并未单独展示。发布活动包括项目结束时的所有任务，例如获得所有项目相关方的发布批准，创建最终项目日志以及创建项目历史报告。

图中显示的具体数字虽然是基于经验法则得到的，我们不必过分看重这些数字，但它们确实提供了有价值的信息。需求开发和架构设计等上游活动虽然在项目总工作量中占比不大，但对项目的成功至关重要，而软件构建和系统测试等下游活动通常会消耗更多的资源和时间。尽管如此，上游活动对下游活动有着重大的影响，因此无论是上游活动还是下游活动，都需要尽力而为。

图 5-5 包含项目所有阶段，显示项目活动的典型时间分配。

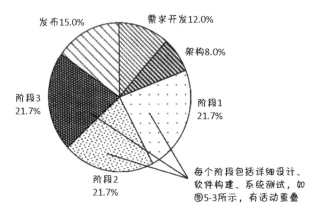

图 5-5 假设项目分为三个阶段，按照时间消耗的百分比进行活动分配（由于舍入错误，数字不会增加到 100%）。将此图与图 5-4 进行比较，两者在软件项目的时间量和工作量的分配上不完全相同

从这些数据中获得的关键信息是，项目在某项活动上花费的时间百分比与该活动所占的工作量百分比并不总是一致的。例如，需求开发通常占据了项目时间的 12%，但仅占工作量的 6%。这是因为上游活动（如需求分析）往往难以直接量化，并且需要深思熟虑，导致其进展速度通常慢于下游活动。

5.7　代码量增长曲线

前面的数字传达了这样的信息：项目早期进行的大量工作不会产生任何代码。实际上，在项目周期的前三分之一，代码的编写通常较为缓慢，甚至可能完全停滞。这一阶段主要专注于深入理解需求和开发高质量的架构，项目团队应谨慎遵循"三思而行"的原则。项目的中间三分之一专注于构建项目，这时代码编写的速度会显著加快。项目的最后三分之一阶段则专注于测试中期阶段编写的代码，确保这些代码的质量足以交付给用户。这一时期还侧重于修复缺陷和谨慎管理新加入代码库的代码。与前三分之一相同，这一时期的代码增加速度也比较缓慢。图 5-6 展示了表现良好的项目的代码增长模式。

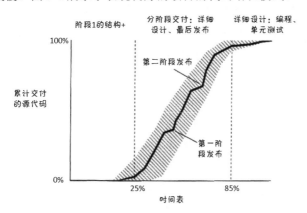

图 5-6　典型的项目代码增长模式。大部分代码的
增长出现在项目中间的三分之一阶段

黑线显示有代表性的代码增长模型，阴影区域则显示正常变化范围。项目中间部分代码的增长是由于临时版本造成的，此时项目的焦点从编写新代码转移到提升现有代码的质量。图 5-6 显示项目在最终发布之前有两个临时版本。

理解这种代码增长模式后，就可以将它用作评估项目状态的实用工具。运行良好的项目会跟踪每周集成到项目中的代码量，如果增加的新代码很少，这可能意味着项目接近发布阶段。如果新的代码仍在快速增加，则说明项目可能还处于中期阶段，离最终发布还有一段距离。

此外，如果开发人员在架构设计成熟之前就大量添加代码，那么系统测试几乎必然会耗费较长时间。这是因为在未成熟的架构下编写的代码可能引入了许多错误，这些错误需要在系统测试阶段进行修复。

一些项目常犯的一个严重错误是过早发布产品，即在完成85%的开发工作后发布，而不是等到100%。如果项目负责人不熟悉图 5-6 中描述的软件开发模式，他们可能过早地认为新代码开发放缓意味着软件准备就绪，尤其是在面临严重时间压力的情况下。不幸的是，这种选择意味着软件在最终的质量保证阶段没有投入足够的时间，所以实际上等同于决定发布了一个低质量的软件产品。

5.8　主要里程碑和可交付内容

在某个阶段，我们需要将前几节所描述的一般模式扩展为包含里程碑和软件交付的详细计划，主要里程碑用于在最高层次跟踪项目进度。图 5-7 总结了本书所描述的主要阶段和里程碑。

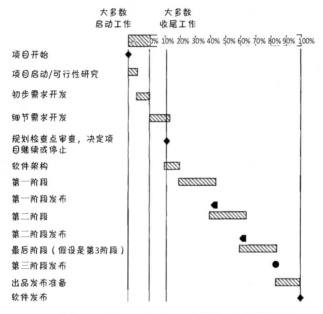

图 5-7　总体项目阶段和里程碑，不论软件项目规模有多大，管理有方的软件项目都会遵循这个通用计划

这个通用的项目框架适用于几乎所有规模的项目。在实践中，每个阶段的准备工作通常比图表所示更早开始，而后续工作的完成可能更晚。这个框架展示了每项活动受到关注的时间范围。

高管人员和客户有时可能不将软件项目的里程碑视为可靠的状态指示器。但如果他们遵循本书推荐的做法，将能够通过跟踪里程碑的进度来深入了解项目状态。表 5-1 提供了相对于图 5-7 所示的总体里程碑和活动的更详细的清单。

表 5-1　总的里程碑和交付内容

- ● **项目开始**
  - ❑ 确定主要的项目决策人
  - ❑ 创建、审查与确定项目的愿景宣言
  - ❑ 建造软件的商业案例
  - ❑ 创建、审查与确定初步的工作和时间目标
  - ❑ 两三个高级程序人员参加团队
  - ❑ 创建、审查与确定变更控制计划
  - ❑ 创建、审查与确定最初的十大风险表
  - ❑ 开始记录软件项目日志

在项目中，这一部分完成的工作是启动型的工作。除了列出的条目，它还包括评估项目规模。因此，这部分涉及的时间表和工作因项目而异。

● **项目启动，完成可行性研究**

　　❑　质量保证主管参加项目

　　❑　文档主管参加项目

　　❑　确认和面谈了关键用户

　　❑　产生了简单的用户界面原型，用户审查接受，最后基准定型

　　❑　创建、审查和基准定型用户界面风格指南

　　❑　创建、审查和基准定型第 1 个项目预算方案（预算的+100%到-50%）

　　❑　创建，审查和基准定型初步的软件开发计划

　　❑　更新十大风险清单

　　❑　更新软件项目日志

以上项目工作也是启动型的，不同项目可能包含不同的具体内容。

● **完成初步需求开发**

　　此时，该项目的启动型工作已经完成。现在需要完成更多的工作。以便做出继续或停止项目的决定。

　　❑　创建、审查和基准定型详细的用户界面原型

　　❑　创建、审查和基准定型用户手册和需求规范

　　❑　创建、审查和基准定型软件质量保证计划

　　❑　创建、审查和基准定型详细信息和软件开发计划

　　❑　项目预算更新（+75%到-45%）

　　❑　更新十大风险清单

　　❑　更新软件项目日志

　　此时，大约 12%的项目生命周期计划和 6%的工作量已经完成。其中不包括在项目启动、可行性研究和初步需求开发方面的工作。

● **完成了详细的需求开发**

- **规划检查点审查，决定继续或停止项目**
    - ❑ 大多数开发人员参加项目
    - ❑ 大多数质量保证（质量保证）人员参加项目
    - ❑ 完成了用户手册和需求规范之后减少文档人员（除非生成其他重要的文档）
    - ❑ 创建、审查和基准定型软件架构文档
    - ❑ 创建、审查和基准定型软件集成过程
    - ❑ 创建、审查和基准定型计划交付计划
    - ❑ 创建、审查和基准定型第 1 阶段的软件测试用例
    - ❑ 更新用户手册和需求规范
    - ❑ 更新项目预算（+40%到-30%）
    - ❑ 更新十大风险清单
    - ❑ 更新软件开发计划
    - ❑ 更新软件项目日志

此时，大约 20%的项目生命周期计划和 14%的工作量已经完成。

- **完成架构**
    - ❑ 全部开发团队员工参加项目
    - ❑ 全部质量保证员工参加项目
    - ❑ 完成开始阶段计划
    - ❑ 创建、审查和基准定型第 1 阶段的详细设计文档
    - ❑ 创建、审查和基准定型详细软件构建计划，包括设立微型里程碑
    - ❑ 创建、审查和基准定型下一阶段的软件测试用例
    - ❑ 更新第 1 阶段的软件测试用例
    - ❑ 创建第 1 阶段的软件构建指令（make file）
    - ❑ 创建、审查和基准定型第 1 阶段的软件源代码

❑　创建、审查和基准定型安装程序

❑　更新用户手册和需求规范

❑　交付阶段 1 的"完整功能"产品

❑　更新项目预算（准确到 + 30%到 - 20%）

❑　更新十大风险清单

❑　更新软件项目日志

此时，大约 45%的项目生命周期时间和 40%的工作量已经完成。假设项目分为 3 个阶段，

● **第 1 阶段代码完成**

● **第 2 阶段将重复同样的上述活动**

此时，大约 65%的项目生命周期时间和 65%的工作量已经完成。

● **第 2 阶段代码完成**

❑　创建、审查和基准定型最后阶段的详细设计文档

❑　更新所有阶段的软件测试用例

❑　更新所有阶段的软件源代码

❑　更新所有阶段的软件构建说明

❑　更新安装程序

❑　如果软件是一个业务系统，部署文件（递交手册）已完成，用户培训完成，部署团队准备完毕

❑　交付集成的"完整功能"的产品

❑　更新项目预算（5%到-5%）

❑　更新十大风险清单

❑　更新软件项目日志

此时，大约 85%的项目生命周期时间和 90%的工作量已经完成。

● **最后阶段代码完成（如果使用 3 个阶段，这是第 3 阶段）**

❑　创建、审查和基准定型发布清单

❑　　所有各方签署了发布签名表并把它置于变更控制状态

❑　　交付功能正确的产品

❑　　交付功能正确的安装程序

❑　　交付最终测试案例

❑　　交付软件复制媒体（母盘）

❑　　项目存档媒体（源代码、构建环境等）异地储存

❑　　更新最终软件项目日志

❑　　创建、审查和基准定型项目历史文档

此时，已经完成了 100%的项目生命周期时间和工作量。

● **产品发布**

人们有时会好奇，为何软件项目需要花费如此长的时间。表 5-1 中的可交付成果列表有助于回答这个问题。每个可交付的成果代表了为了有效地进行项目所必须完成的大量工作。

大多数表现不佳的项目最终也会完成表 5-1 列出的所有任务。然而，由于协调不当和效率低下，这些项目最终会耗费更多的资源，却只能获得较少的成果。

人们之所以抵制流程，一个原因是项目一开始时，这样的列表会让他们望而生畏。实际上，如果项目未能完成所有这些工作，实际上会耗费更长的时间。即使是小型项目也需要执行表 5-1 中列出的几乎所有任务，只不过有些任务能更快完成。我们可能未曾充分认识到需要执行这些任务的必要性，但在软件项目中，忽视这些任务没有任何好处。如果项目相关方从一开始就认识到需要做哪些工作，他们也许会更加配合。

生存检查清单

☺　项目团队采用分阶段交付方法进行项目管理。

☺　高层管理人员、客户或两者都利用代码增长曲线来跟踪
　　项目进度。

☺　高层管理人员、客户或两者都利用主要里程碑和可交付
　　成果来跟踪项目进度。

❧ 译者有话说 ❧

　　前几章概括了软件项目所面临的生存挑战、生存概念和重要的生存方法。成功的软件项目具备哪些特征呢？为了帮助读者了解典型的成功项目，本章详细介绍了"分阶段交付的项目流程"，从多个角度描述了成功项目所具有的重要特征，包括项目流程、阶段计划、人员配置、活动进度、代码增长等。同时，还详细列出了项目的主要里程碑和可交付的成果。如果读者对软件项目不太熟悉，那么通过查看这个列表，了解项目需要完成多少工作。

第Ⅱ部分　项目生存准备

第 6 章　拥抱变化，精准定位

效率高的项目能有效控制变化，效率低的项目则常常饱受变化的困扰。成功的变更控制关键在于建立变更委员会，并在预先定义的时间点限制项目的重大变化，同时将主要工作产品置于变更控制之下。

如果能准确预知目标的移动和静止时机，那么命中目标将变得容易。在目标移动期间，可以暂时放缓行动，保存资源，待目标静止时再精准行动。由于市场的不断变化和技术的更新换代，软件功能的集成变得越来越像是在追踪移动中的目标。一些变动是不可避免的，而有些变动是可以控制的。如果项目不主动控制其功能集的变化（尝试命中一个移动目标），就会让自己处于重大风险之中，而这种风险很多时候是难以承受的。变更控制是项目规划的关键组成部分，对项目的成功至关重要。

> 变更控制可以使所有必要的变更得以实现，同时又能确保这些变更不会对项目产生重大的负面影响。

6.1　变更控制过程

在最基本的层面上，变更控制处理需求和源代码的变更。更成熟的项目会将变更控制应用于整个项目活动，包括项目计划、估算、需求、架构、详细设计、源代码、测试计划和文档。简而言之，变更控制的目的是项目期间评估、控制并审批重要的变更，并确保所有项目相关方都明白这些变更将对自己有何影响。基本的变更控制过程包括以下几个步骤。

1. 工作产品的初始开发工作（例如项目需求）都是在没有变更控制的情况下进行的。在此期间，可以自由地对工作产品进行变更。

2. 工作产品要接受技术审查，以确定是否完成了初始开发工作。

3. 初始开发工作完成后，工作产品将被提交给变更委员会。变更委员会通常由该项目的关键利益相关者代表组成，他们来自项目管理、营销、开发、质量保证、文档和用户支持等部门。有时变更委员会也被戏称为"战争委员会"或"变革女王"，这取决于项目团队的文化和偏好。对于小型项目，变更委员会可能只有几名成员；而在大型跨部门项目中，委员会成员可能超过30人。委员会的主要职责是集中处理变更，确保所有关键相关方都慎重考虑过这些变更。

4. 工作产品置于版本控制下。版本控制指的是软件版本控制程序（也称为"版本控制"或"源代码控制"），它能够以电子方式存储任何形式的电子文档的多个版本。尽管这些技术最常用于源代码存储，但大多数版本控制系统都能够存储任何电子文档形式的内容，例如文档、项目计划、电子表格、设计图表、源代码、测试用例等。

5. 系统化处理对工作产品的进一步变更。

　　a. 通过变更提案工具提出变更请求。变更提案将从提案方的角度，描述提案中涉及的工作产品、建议的变更以及变更的影响（成本和收益）。即使是很小的项目，使用变更提案也是一个好主意，因为它可以提供项目决策的记录，这些记录比人们的记忆更可靠。

　　b. 变更委员会确定可能会受到变更影响的各利益相关方，将变更提案分发给各方进行审查。

　　c. 相关各方分别从各自的角度评估变更提案的成本和收益。

　　d. 变更委员会成员将以上评估信息集中起来，为变更提案设置优先级，然后他们做出最后决定：接受或者拒绝，或者把提案推迟到以后再讨论。

　　e. 变更委员会向所有相关方通报提案的处理结果。

　　我用比较正式的语言来描述这个过程，这可能显得有些刻板。但是，如果仔细阅读每个步骤的描述，你会发现这些步骤实际上只是归纳了一些基本常识：在进行变更之前评估变更的影响，让受影响的各方审查变更建议，在变更得到批准后通知受到影响的各方。除此以外，难道还有什么替代方案吗？难道在执行变更前，我们不应该评估其影响吗？不应该让受影响的各方在变更之前对变更内容进行审核吗？不应该在变更建议被批准后通知受影响的各方吗？虽然听起来很荒谬，但如果没有在项目中采用系统化的变更控制，这些情况完全可能发生。

6.2 变更控制的好处

变更控制带来了几个显著的好处，其中最重要的是它确保必要的变更得以实施，同时防止不必要的变更发生。一直以来，增加不必要的功能都是软件开发中最严重的风险之一，因为它不仅会增加软件的复杂性和不稳定性，还会因扩展产品范围而增加成本和延长开发时间。

变更控制还能提高决策质量，因为它要求所有项目利益相关方参与到决策过程中。此外，它确保了在考虑和决定变更提案时，所有项目相关方都能得到通知，从而提高了必要变更的可见性。这相应地又增强了项目团队跟踪项目进度的能力。

变更控制有助于消除"模糊的里程碑"这个问题。在软件项目中，有一个更不容易察觉的风险，即当项目团队即将达到一个里程碑时，他们可能急于宣布里程碑已完成，但实际上他们的工作可能并没有真正满足里程碑的所有要求。例如，项目团队可能没有完成所有的架构文档，但随着架构里程碑日期的临近，团队可能迫于时间压力而宣称自己完成了里程碑。

有了变更控制过程，在宣布架构（或任何其他工作产品）工作完成之前，必须对架构进行审查和批准，并将它置于变更控制之下。所有相关方必须在架构文档上签字，并明白今后的任何更改都必须通过系统化的变更控制过程，这样不完整的架构文档就很难通过里程碑的变更控制过程。

消除模糊里程碑也有利于提升状态的可见性。当所有人都明白通过里程碑并非易事时，宣布项目已完成某个里程碑将成为一个有意义的进度指标。

变更控制本质上可以增强相关人员的责任感。在工作产品正式确定前，所有相关方必须签字确认，提出变更建议的人需要阐述变更的理由，这些理由将被留作永久记录。反对变更的人也需说明其理由，这也成为项目记录的一部分。难以管理的项目通常存在一个通病：项目相关人员缺乏足够的责任心。

> 在成功的项目中，团队成员会主动承担责任，他们对自己的工作负责，同时也关注那些影响自己工作的其他因素。

6.3　自动修订控制的好处

变更控制的一个扩展用途是版本控制。自动版本控制软件使得项目成员能够轻松地存取项目历史上任何版本的主要文档，他们可以查看初始项目计划、修订过的项目计划和当前项目计划，还可以重新创建任何已发布给客户的产品版本。变更控制系统提供了项目的详细历史记录，使他们能够追溯整个项目过程中的估算、原型、设计和源代码。

自动版本控制系统确保所有项目文档始终公开可用。无论是需要查阅项目计划、需求、设计、编码标准、用户界面原型还是其他任何工作产品，团队成员都能通过版本控制系统迅速检索到。这显著减少了丢失重要文档或在紧急情况下无法找到文档副本的风险。此外，访问当前文档副本的权限不再依赖于联系文档的所有者。

尽管这种便利性可能不被每个人视为至关重要，但习惯了这种方式的人可能会对没有这种搜索工具的项目感到不满。

大多数版本控制软件还能生成有助于评估项目状态的摘要信息。例如，它能够每周自动生成关于代码行增加、修改和删除的统计数据。

6.4　常见的变更控制问题

如果是首次实施变更控制，组织通常会遇到一些问题。

6.4.1　如何考虑变更

在决定如何处理提交的变更时，变更控制委员通常会考虑下面几个问题：

- 变更的预期收益是什么？
- 变更将如何影响项目的成本？

- 变更将如何影响项目的时间进度？
- 变更将如何影响软件的质量？
- 变更将如何影响项目的资源分配？它是否会给已经担负项目关键任务的人员增加更多的工作量？
- 是否可以将变更的实施推迟到项目的后期阶段或软件未来的高级版本？
- 现在进行变更，是否会破坏软件的稳定性？

6.4.2　何时考虑变更

变更委员会根据需要举行会议，在项目的早期阶段，变更委员会通常每两周召开一次会议。随着项目的推进，会议可能在两个主要阶段之间召开，而在接近项目发布时，会议频率可能会增加。变更委员会有权在项目的任何阶段批准变更，但为了减少对项目团队的干扰，通常会尽量减少评估变更的频率。在项目的早期阶段，如需求开发和架构设计阶段，变更委员会可以随时审批变更。在项目的后期阶段，为了避免开发团队受到连续变更请求的干扰，变更委员会应限制某些变更请求的审批。

作为开发团队和请求变更人员之间的桥梁，变更委员会的职责之一是减轻开发团队因评估变更而承担的负担。这样，开发团队可以专注于项目的核心工作，而不会被连续不断的变更请求干扰。在项目的最后阶段，委员会应集中收集变更提案，并在分阶段交付的项目中，在阶段间的过渡期进行批量审批。

审批变更的频率在很大程度上取决于项目团队、客户、经理及其他相关人员的工作风格和决策偏好。如果项目相关方高度重视有序和高效的运营，他们通常会希望不那么频繁地考虑变更。而那些优先考虑快速解决问题的委员会则可能会更频繁地审批变更提案。

6.4.3　如何处理小的变更

对于影响较小的变更，如简单的缺陷修复，变更委员会可以采用简化的审批流程。这样的变更可以由委员会集体审议并给予批准，或者根据变更控制计划自动获得批准。例如，变更控制计划可能设置为自动批准修复系统崩溃或纠正软件计算错误的变更。

6.4.4　如何进行人员管理

对不熟悉正式变更控制流程的人来说，这个过程一开始可能显得烦琐。但是，一旦项目团队成员适应这个流程并认识到它的好处，就会发现它实际上并不会占用太多时间。对于小规模的变更，其影响通常可以在变更委员会的会议中迅速评估。

引入变更控制后，在初期可能不容易观察到批准了多少变更。一些人认为这是在给变更设置障碍。尽管变更委员会可能给人一种限制项目发展的官僚印象，但其目的始终是尽量多批准有价值的变更。如果不采用变更控制，变更的影响往往得不到充分考虑。

对习惯于快速推动变更的人来说，变更控制可能看起来像是一种阻碍。他们可能不习惯让团队有足够时间来全面评估变更的影响。随着变更控制的实施，这些人将无法像过去那样主导变更过程。变更控制的一个重大好处是能够防止草率地批准变更。

> 习惯于快速推动变更的人仍然有机会在变更控制的框架内实现自己的目标，只不过需要遵循一个更加透明和责任明确的决策流程。

开发团队和其他相关人员需要认识到，适应变更控制可能对一些人来说比较困难，因此应该做好充分的准备。

6.4.5　哪些工作产品要进行变更控制

变更控制计划应该包括一份清单，其中列出需要接受变更控制的工作产品。该清单至少应包括表 6-1 列出的工作产品。

每个工作产品一旦达到基准标准，就会置于变更控制之下（见表 6-1）。这份清单为项目定义了一套基础标准，列出了需要置于变更控制下的可交付成果。一看到这份清单，你可能担心它会带来大量额外的开销和工作量。

表 6-1　变更控制下的工作产品

工作产品
变更控制计划
变更提案
愿景声明
十大风险清单
软件开发计划，包括项目成本和时间进度估算
用户界面原型
用户界面风格指南
用户手册或需求规范
质量保证计划
软件架构
软件集成过程
分阶段交付计划
单独阶段计划，包括微型里程碑时间计划
编程标准
软件测试用例
源代码
集成在产品的多媒体，包括图形、声音、视频等
软件构建指令（生成文件 make files）
每个阶段的详细设计文档
每个阶段的软件构建计划
安装程序
部署文档（移交手册）
发布清单
发布批准签字单
软件项目日志
软件项目历史文档

创建这些工作产品确实需要一定的投入，可能会使项目工作量增加几个百分点。然而，这是提高项目状态可见性、降低风险和控制项目规模的重要途径之一，这些措施能极大地提升项目成功的可能性。考虑到变更控制带来的显著优势，这些额外开销在大多数情况下影响不大，接受它们是一种明智的选择。

对任何项目而言，首次创建所有这些工作产品确实需要付出相当大的努力。但从第二个项目开始，开发团队将能够通过调整和改进之前项目的类似工作产品，为未来的项目提供宝贵的参考和成果。

6.5　致力于变更控制

为了有效实施变更控制，相关的项目和组织必须做出承诺，并在多个层面上进行。

变更控制活动应纳入计划中。本章节描述的变更控制流程和工作产品清单应详细记录在书面的变更控制计划中。此外，软件开发计划（将在后续章节讨论）也应将变更控制计划作为官方软件开发流程的一部分。

项目成员必须有充分的时间来履行职责。这意味着每位成员都需要留出一定时间来评估变更提案的影响，并且一部分成员还需要参加变更委员会召开的会议。

必须尊重变更委员会的决定。如果项目经理或市场营销部门能轻易推翻变更委员会的决定，或者如果软件开发人员不遵守变更控制流程而擅自修改软件，那么变更控制将失去意义。

生存检查清单

☺ 项目设置了变更委员会。

　　☝☹ 管理层、市场营销或客户可以撤销变更委员会做出的决定。

☺ 该项目有书面批准的变更控制计划。

　　☝☹ 项目团队成员没有足够的时间来执行计划。

　　☝☹ 工作产品实际上并未受到变更控制。

☺ 变更提案在做出决定之前要求所有项目相关方对提案进行评估。

☺ 变更委员会向项目相关方明确通报每个变更提案的决策过程。

☺ 变更委员会安排项目团队分批评估变更，以免连续的变更请求分散了团队的注意力。

✤ 译者有话说 ✤

本章的主题是项目的变更控制。软件项目总是在变化，就像要击中的移动靶子。效率高的项目主动控制变化，而效率低的项目则饱受变化的困扰。

本章介绍了一种变更控制方法，这种方法能够实现所有必要的变更，同时确保这些变更不会对项目造成严重的影响。变更控制的过程包括：初始开发阶段的自由变化；初始工作完成后进入变更控制状态；变更委员会的组建；工作产品的变更申请和审批流程；决定接受或拒绝变更申请；记录审批结果并通知项目相关方。

本章还讨论了具体的实施策略：何时应该考虑提出变更；小的变更应如何处理；哪些工作产品应纳入变更控制；如何在变更过程中进行有效的人员管理。为了实现变更控制，项目和组织必须做出承诺，并在多个层面上兑现这种承诺。

第 7 章　初步计划

成功的项目往往早期就着手规划。初步计划的活动包括明确项目愿景、获得高管授权、设定项目规模目标、管理风险以及制定有效的人员使用策略。这些初步计划应详细记录在软件开发计划书中。

尽管有些人可能认为在明确项目需求之前进行计划工作不切实际，但实际上，提前准备初步计划是有帮助且重要的。正如本章所强调的，软件开发的初步计划应当涵盖以下主题：

- 项目愿景；
- 高管授权；
- 项目规模目标；
- 沟通计划和进展更新；
- 风险管理；
- 人员策略；
- 时间统计。

本章的大部分内容都围绕这些主题展开。

7.1　项目愿景

在项目启动之前，团队必须达成一个共同的愿景。只有拥有共同的愿景，团队才能实现高效的合作。一项针对 75 个团队的研究表明，在所有高效运作的团队中，成员对自己的目标都有深刻的理解。

共同的愿景在多个层面上都极为有益。团队对项目目标的一致理解有助于简化日常问题的解决方案，确保团队集中精力，避免不必要的等待并把时间浪费在批准流程上。大家目标一致，这种共识有助于增强团队成员间的信任。如此一来，团队就能够迅速地做出决策并执行，避免无谓的争论和重复讨论。高效的团队高度默契，团队成员能各取所长，发挥最大的潜力。

有效的愿景可以产生激励作用，要做到这一点，需要将愿景描述得清晰、吸引人且具有挑战性，以激发团队的使命感。例如，以下愿景描述显然缺乏吸引力："我们的目标是成为市场上三大优秀的互联网设计公司，尽管我们的设计速度比行业平均水平落后25%。"

人们对挑战的反应深受情绪的影响，除了工作本身，描述工作的方式和任务的分配也会影响到团队的激情。让我们尝试改写之前那个乏味的目标："我们的目标是在 6 个月内，将我们在互联网设计公司的市场份额从零提升至25%。考虑到资金紧张，我们将设定一个高效的功能集和明确的交付日期，依靠一个小而美的团队以确保在资金耗尽前在市场上占有一席之地。"围绕这一重新制定的愿景，团队可以更加紧密地团结在一起。

尽管愿景可能有一定的夸大成分，但还是可以实现的。对于销售和市场人员而言，远大的目标可能有激励作用，但对软件开发人员来说，过于远大的目标可能显得不合逻辑，反而影响士气。有时候，某些目标单独看起来可行——比如快速完成、成本低廉、功能丰富——但组起来后就变得不切实际。大多数开发人员会认为这样的目标过于理想化，对实际工作的指导作用有限。

在项目初期，可能很难确定一组目标是否能全部实现。如果开发团队已经意识到目标无法达成，而管理层仍然坚持认为这些目标是可行的，就可能挫伤团队的动力和士气。作为项目经理，当开发人员反馈说项目目标总体上不切实际时，需要认真考虑他们的意见，重新评估目标的可行性。

7.1.1　定义要放弃的内容

一个清晰的愿景不仅指明软件应当具备哪些功能，也应明确指出哪些不应当包括。例如，虽然"打造世界上最伟大的文字处理软件"的愿景听起来非常激动人心，但它并未提供实际指导，只是让开发团队试图将所有能想到的功能统统纳入软件中。Microsoft Word 1.0 的开发进度就因为这种大而全的愿景而不断推延，最终耗费 5 年时间来开发，比原计划多花了 4 年。

相比之下，"创建最易于使用的文字处理软件"这一愿景不仅能激发团队的使命感，还提供了更明确的指导，帮助团队确定哪些功能不应添加。

> 拟定愿景声明的关键在于，愿景的措辞应明确定义要包含的内容和要排除在外的内容，措辞决定了愿景的有效性。

优秀且有特色的愿景应当指引项目团队迈向软件极简主义的目标，同时将项目风险维持在可控的范围内。

7.1.2　致力于愿景

在项目中，愿景需要通过书面形式记录下来，形成一份愿景声明，以便团队成员在做出承诺时有一个明确的目标。这份愿景声明会成为项目文档中第一个受控文档。如果在项目执行过程中频繁且无序地改动愿景声明，那么愿景声明就无法为项目提供有效的指导。一旦团队越来越理解正在开发的软件，就可以在严格控制下对愿景声明进行必要的调整。

随着时间的推移，从各个项目收集而来的愿景声明，经过实际效用的评估并分类为"有效"与"无效"，将成为新项目的宝贵资源。

7.2　高管授权

高管授权指的是给予个人或团队对项目的最终决策权。多项调查结果显示，有效的高管授权对项目成功至关重要。因此，项目计划中应明确规定高管授予个人或团队决策权。这些人或团队负责提交功能集、审批用户界面设计、决定软件是否可以发布给用户或客户等事项。如果决策权在团队，团队成员就应代表不同的利益相关方，包括管理、营销、开发、质量保证等。在某些情况下，这个团队可能是第 6 章介绍的变更控制委员会。

在职业生涯早期的一个项目中，我同时受到 5 位同级上司的指导。他们经常以不同的方式改变我的工作方向，导致我在一个原定一年完成的项目上花了两年时间。我觉得自己受到了多方拉扯，而我们的软件最终也未能达到预期目标。要确保所有决策都来自一个统一的来源，无论是个人还是变更控制委员会。拥有明确的决策中心对项目的高效运行至关重要。

7.3　项目规模目标

在开始项目工作前，应该针对预算、时间、人员配置和软件功能制定初步计划。这样的计划并不是简单的估算，而是暂定的目标。

随着项目的进展，项目团队将逐步了解到创建预期软件的工作量。这时可能出现以下情况：

- 团队发现初始的项目预算和时间目标能够实现预期的功能集；
- 团队发现初始的项目预算和时间目标不足以实现整个功能集，需要增加预算并延长时间；
- 团队发现初始的项目预算和时间目标不足以实现整个

功能集，需要通过缩减功能集来保持最初的预算和时间不变。

项目团队在每个阶段都会对软件技术有更深入的了解，并应不断地调整功能集、预算和时间表。

优秀的软件组织会在整个项目期间定期进行重新评估，并根据重新评估的结果来调整项目计划。

美国国家航天航空局（NASA）的软件工程实验室（SEL）是全球最成功的软件组织之一。它在确定需求后会制定项目的初步估算，并在项目的不同阶段对估算进行多次精细调整。在每个估算节点上，开发团队都会重新评估项目剩余工作量。估算的不确定性范围通过特定的调整系数来表示。此外，SEL 的管理手册还提到，项目估算值在整个项目过程中可能会增加 40%。

表 7-1　微调整个项目的工作估算

估算点	上限	下限
需求定义和规范结束	×2.0	×0.50
需求分析结束	×1.75	×0.57
初步设计结束	×1.4	×0.71
详细设计结束	×1.25	×0.80
软件实现结束	×1.10	×0.91
系统测试结束	×1.05	×0.95

即使在项目需求开发完成后，项目估算仍然包含一些不确定因素。在软件项目的概念阶段创建的初步时间框架和预算目标是有价值的，它们能指导开发团队评估目标的可行性，并识别出那些无法交付的功能。在项目早期淘汰那些不切实际的功能有助于维持项目规模的可控性，并避免过度复杂和过度设计的风险。

项目后期会产生更多详细的估算，更多详情可以参见本书第 11 章。

7.4　宣传计划和进展

失败的软件项目有一个共同点：计划过程往往是不透明的。通常，制定计划的人并不是故意要保持神秘，他们只是没有主动让项目团队的其他成员参与到计划中。这种做法几乎必然导致不良的后果：如果没有执行工作的人（比如开发人员、测试人员和文档撰写人员）的参与，制定出来的计划可能考虑不到所有必要因素，变得难以实施。如果团队发现计划难以实施，可能会选择忽略它，从而导致项目失去控制。

项目计划应该得到负责执行计划的团队成员的审查和同意。管理者制定的计划确实需要团队成员的审查和同意。如果计划没有得到团队成员的认可，他们可能通过实际行动来表明这一点。

高效率的软件项目经理就像是乐队的指挥，负责协调团队的各项工作。经理不可能对项目每个环节的工作都了如指掌，因此汇总团队所有成员的意见和反馈就显得成为重要。

如果项目管理层与项目团队之间存在矛盾，软件项目的进展速度就会受限。项目经理不应使用欺骗或诱导的手段来推动团队工作。团队成员期望得到管理层的有效协调和支持，以免自己的努力付诸东流。经验丰富的项目经理会在正式开始工作前确保团队就计划达成共识。

> 在一个健康的项目环境中，每个参与者都有机会审阅所有计划材料，包括生产力评估、时间表、计划内容、风险和任务分配。

7.5 宣传进度指标

审阅、批准项目计划并将其纳入变更控制体系后，应向整个项目团队公布项目状态的关键指标，确保所有项目相关方能随时掌握项目的基本状态。应包括以下指标：

- 已完成的任务列表；
- 缺陷统计；
- 十大风险清单；
- 消耗时间百分比；
- 消耗资源百分比；
- 项目管理状态报告（供上级管理层参考）。

提高状态可见性的一种方法是在公司内部网站上创建项目

主页，并通过该页面链接到项目的基本信息，如项目计划、详细跟踪信息、技术工作产品和项目可交付成果等。这种方法进一步扩展了第 6 章介绍的修订控制系统的概念，使得项目的所有文件和资料都可以轻松查询。有了这样的内部网站，即便是不熟悉项目版本控制工具的人也能轻松查看项目的最新动态。图 7-1 展示了此类网页的示例。

图 7-1　软件项目内部网站页面的例子，它包括当前状态、计划信息和关键的项目工作产品

成功的软件项目是公开透明的，我们需要能自如地在项目的各个层次之间跳转，实时掌握正面信息与负面信息。

7.6 风险管理

　　词典中对"风险"给出的定义是"遭受损失或伤害的可能性"。软件开发是一项可能面临风险和损失的活动，这些损失可能表现为预算或时间的超支。传统的软件项目管理方法往往难以成功，因为它们没有充分考虑到潜在的风险水平。正如图7-2 所示，常规的项目管理方法往往缺乏降低风险的计划，这可能导致项目承担不必要的高风险。

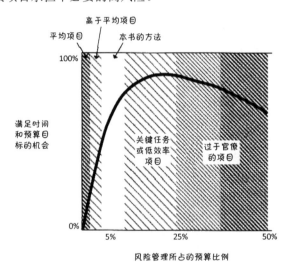

图 7-2　风险等级变化和风险管理超支的关系。一般项目几乎不关注风险
管理，因此接受极高的风险。成功的项目将少量成本用于风险
管理，从而大幅降低了风险

适度投入精力做风险管理，就能产生巨大的收益。在本书的方法中，大约只有 5%的项目工作属于风险管理活动。虽然这部分工作占比很小，但却显著增加了按计划进度和预算完成项目的可能性。如果采用本书的方法，大多数项目按时、按预算完成的可能性将显著提高。

> **成功的软件组织会积极探索有效的策略，以额外的小开销来大幅度降低风险。**

有些项目为了进一步降低风险，可能不得不面对收益递减的状况。极端注重风险管理的项目，如以烦琐的文书工作闻名的美国国防部的项目，会投入大量预算来确保项目按时完成。

由于软件开发天生存在风险，中大型项目若想按进度和预算达成目标，必须设立足够的安全边际。但是，当管理成本增长到一定程度时，这些成本自身就变成了项目的风险，降低了按计划和预算完成项目的可能性。

7.6.1　致力于风险管理

风险管理的成效依赖于几个关键因素：落实承诺的风险管理措施、培养执行风险管理的能力、采取具体措施来管理风险，并验证每项风险管理计划的有效性。缺少其中任何一项，都可能导致风险管理失控。

风险管理包括三个关键组成部分。首先，项目计划中必须明确地以书面形式说明风险管理方法。其次，项目预算中必须为风险管理预留专门资金，如果没有为风险管理预留专门资金，说明项目对风险管理不够重视。第三，在评估风险时，必须充分考虑风险的影响，并将其纳入项目计划中。仅仅进行风险评估是不够的，如果不及时跟进识别出的风险信息并采取处理措施，那么这些努力都将付诸东流。这就像设了语音信箱却从来不查收信息，只是白费力气。

提升有效风险管理的能力既包含具体可执行的方面，也涵盖了更为隐蔽的层面。具体可执行的部分涉及团队根据本节指导进行的各项活动。而比较隐蔽的问题是，某些组织可能无意中设立了障碍，使得重要的风险信息无法传递给高层管理者及其他需要此类信息的人。本节提出的方法有助于克服这一问题，确保信息能够顺畅传递。

本书介绍的方法采用了一些主要的风险管理实践。尽管这些实践并不是专门为风险管理设计的，但它们依然能够发挥显著的作用。推荐使用以下风险管理策略：

- 在软件开发计划中规划风险管理（本节描述的内容）；
- 确定风险监督员；
- 使用十大风险清单；

- 为每个风险创建风险管理计划；
- 创建匿名风险报告渠道。

本书的后续章节将详细描述这些实践。

7.6.2 风险监督员

为每个项目指派一名风险监督员是必要的，这位监督员最好是项目经理之外的团队成员，主要负责识别项目中新出现的风险。风险监督员的作用有些像《四眼天鸡》[①]里喜欢帮助其他动物的鸡小小（提醒大家"天塌啦！"），又有些像动画片《小熊维尼》里悲观的屹耳（容易看到毛病，觉得"哪哪儿都有问题"）。他们的任务是在项目的规划会议和审阅计划文件时扮演质疑者，不断搜寻可能出现的问题，并为识别出的每一个风险制定出相应的管理策略。这个角色需要得到管理层的认可和尊重；否则，风险监督员可能会被边缘化，被视为项目中的"悲观主义者"。

高级开发人员或测试人员通常能成为优秀的风险监督员。由于项目经理的工作是引导项目取得成功，他很难像风险监督员那样重视负面的信息，风险监督员在项目中的角色就像独立测试人员在测试里的角色。如果让开发人员测试自己编写的代

---

① 译注：《四眼天鸡》上映于 2005 年，是迪士尼动画工作室制作的第 46 部经典动画长片。

码，效果通常不会太好，因为开发与测试是两种需要不同思维模式的工作。项目经理和风险监督员的工作也是如此。

除了风险监督员，还要鼓励项目中的其他成员努力降低项目的风险。软件组织应通过内部信息流通模式和激励机制，促进所有人积极识别和管理风险。

7.6.3 十大风险清单

十大风险清单是风险管理的核心工具之一。持续更新和维护这个清单，能够提醒项目管理者对风险管理保持高度重视。

在项目需求阶段开始前，项目团队应创建初始的风险清单，并在项目周期内持续更新。清单中的风险数量不一定是 10 个，也可以是 5 个或 15 个，关键在于定期维护。项目经理、风险监督员及其上司应每两周审查一次这个清单。每两周安排一次审查会议，且尽量避免取消。

通过定期更新风险清单、重新评估风险等级和监控解决方案的进展，可以促使团队成员持续关注风险，并对风险等级的变化保持敏感。

为了增强项目团队的风险应对能力，应该向所有成员提供这个清单，并鼓励非管理层成员在发现重大问题时及时提出警告。这个列表的形式可以很简单，如表 7-2 所示。

表7-2 十大风险清单（样本）

本周	上周	上榜周数	风险	解决风险进度
1	1	5	需求开发进度缓慢	采取用户界面原型来收集高质量的需求
				已经把用户手册和需求规范置于变更控制流程下
				采用分阶段交付方法，提高需要时改变功能的能力
2	5	5	需求或软件开发过于复杂	项目愿景规定了什么不包含在软件中，应强调简化设计
				审查中增加一个检查条目"多余的设计或实现"
3	2	4	发布的软件质量低	开发用户界面原型，确保用户接受软件设计
				采用严格的开发流程
				所有需求、设计和编程都要通过审查
				测试计划确保系统测试能检测所有的功能

续表

本周	上周	上榜周数	风险	解决风险进度
4	7	5	无法实现的时间表	项目在完成需求规范之前避免做出时间的承诺
				采取上游审查来发现和修正问题,这是费用最低的方法
				在整个项目中多次重新估算时间进度
				实行主动项目跟踪,能够早期检测出任何进度上的延误
				分阶段交付允许交付部分功能给用户,即使整个项目可能需要比期望更长的时间
5	4	2	工具不稳定推迟了时间进度	这个项目只用到了一两个新的工具,其余工具还是以前项目用的
6	-	1	人员流动率较高	鼓励开发人员对项目的愿景有共识
				制订详细的项目计划,明确期望的结果

续表

本周	上周	上榜周数	风险	解决风险进度
6	-	1		定期进行项目预算的重新估算，根据项目规模变化修改计划，而不会大量加班
				建立高效生产环境，支持开发人员的高生产率，提高主动性，保持团队人员稳定
7	3	5	开发人员和客户有摩擦	设计用户界面原型，使开发人员和客户在细节设计上有共识
				分阶段交付方式向客户证明稳步的进展
8	6	5	办公空间工作效率低	用户界面原型完成后，把开发团队迁到具有私人办公室的其他建筑
				还需要批准预算来支持场外工作环境

7.6.4 支持风险跟踪的工具

创建十大风险清单的另一种方法是将风险输入到缺陷跟踪系统中（与项目的缺陷分开）。缺陷跟踪系统通常会将风险的状态标记为"活动"或"关闭"、特定风险分配给团队成员处理，还能设定相应的优先级。风险清单可以根据不同需求进行排序和打印，例如，可以按照风险优先级、活跃风险的持续时间长度进行排序，或是按照负责处理风险的人员进行排序。此外，系统还能跟踪处理风险的具体步骤及执行这些步骤的人员，从而大大简化了风险清单维护工作的复杂性。

7.6.5 详细的风险管理计划

十大风险清单中的每个风险都要有对应的风险管理计划。这些计划不需要很详细，对每个风险，一两页的说明就够了。风险管理计划应回答表 7-3 列出的问题。

7.6.6 匿名风险报告渠道

在项目管理实践中，向上层领导报告好消息通常顺畅无阻，但向他们传达负面信息往往困难重重。因此，项目团队应设立一条匿名沟通渠道，以便团队成员毫无顾虑地向管理层反映项目的风险状态和信息。这个渠道可以非常简单，比如在项目的共享空间摆放一个意见箱。

表 7-3 风险管理计划

为什么？
为什么这种特定风险需要风险管理计划？描述风险发生的概率、后果和严重程度。
如何？
一般如何解决风险？描述解决风险的一般方法。列出或描述考虑的解决方案。
什么？
计划采取哪些具体步骤来解决风险？列出解决风险的具体步骤和可交付的成果，包括风险上报条件，例如，如果风险无法在特定日期内解决。
谁？
谁来负责完成每一步？列出负责完成每个步骤的具体人员。
何时？
每个步骤何时完成？列出每个步骤的计划完成日期。
多少？
分配多少预算来解决风险？列出解决风险的每个步骤的成本。

例如，如果开发人员交付代码的时间晚于预定计划，相关的测试人员就可以通过这个渠道来报告。如果测试人员向文档编写团队交付的版本未经过充分测试，那么相关的技术写作人员也可以通过这个渠道反馈这一问题。同样，如果项目管理层在向上级报告时夸大了项目进度，开发人员也可以通过这个渠道来还原实情。

对高层管理人员来说，如果在项目进展到 10% 到 20% 时就发现重大问题，他们肯定希望尽早获悉情况。他们不希望等到项目已经耗费预计时间的 150%之后，才听到技术人员说："我本来想告诉你的，但我的直属主管不允许我说出实情。"

图 7-1 中的项目主页提供了一种匿名反馈渠道。采用这种方式，所有项目成员都可以随时访问和提交匿名风险报告。

7.7 人员策略

为了支持第 4 章描述的人员生存技能，我建议采用并实施"以人为本的管理责任"这一管理理念。该理念强调管理者应对团队人力资源的变化直接承担责任。例如，如果一个项目结束时有 5 名开发人员离职，这不仅是数字上的变化，更是公司的重大损失，离职的开发人员对公司而言价值巨大。因此，相关管理人员应当对此承担责任。

如果开发团队在项目中表现出色，团队成员的技能得到提升，士气高涨，那么这不仅是团队的成功，更是管理者的成就，要予以表彰和奖励。

7.7.1 人才发展

项目计划应明确指出如何通过项目来促进团队成员的成长。计划应遵循"以人为本的管理责任"原则并包含以下具体内容：

- 根据管理人员是否能留住团队成员来评估他们的绩效；
- 项目的所有成员都可以在项目期间获得职业发展机会；

● 开发人员对项目的愿景有信心，并在项目结束后对公司有一个好的印象。

7.7.2 团队培养

在中型项目中，最佳人力配备策略是在项目需求阶段先引入经验丰富的核心团队成员，然后逐步扩大团队规模。在需求分析和架构设计期间，由 2 到 5 人构成的核心团队是最高效的。在项目完成前 10%到 20%的进度检查点之前，不宜扩大团队规模。规模的扩大往往会减弱软件概念设计的一致性，并可能导致成本上升而生产力未见提升。随着项目进入后期阶段，开始着手设计细节和构建软件，团队可能需要更多人手以保持工作效率。对规模较小的项目（7 名开发人员或更少），最好在整个项目期间保持团队规模不变。

招募新的开发人员要慎重，应先考虑候选人是否真正符合岗位要求。对于一个预计持续 12 个月的项目，耐心花上 1 到 2 个月去物色符合条件的程序员，通常比仓促选择一个技能不足的程序员更为明智。

7.7.3 新手开发人员：可用与胜任

软件工程研究中一个得到广泛验证的结论是，最高效的开发者与最低效的开发者在生产力上至少相差 10 倍。这并不意味着最高效的开发人员之生产力是平均生产力的 10 倍——他们的生产力可能是平均水平的 5 倍，低效的程序员实际上会拖累整个项目的进度。即使效率低下的开发人员随时可以上岗，也最好不要用。

> 宁缺毋滥，宜耐心等待高效的程序员出现，而不是急于聘用急着找工作的人。

7.7.4 团队动态

B.拉坎帕尔在 1993 年发布的研究成果非常引人注目。研究目的是调查 31 个团队，以确定团队成员的个人能力和团队凝聚力中哪一个对生产力影响更大。研究结果表明，相比单个团队成员的个人技能，团队凝聚力对提升生产力影响更大。

这项研究结果令人惊讶。组建团队时，人们通常会优先考虑技能。但这项研究表明，团队成员之间的协作能力同样值得重视。组建了一个具有强大凝聚力的团队后，细心的项目经理会在项目结束后设法保留这个团队，而不是轻易解散。

在项目进行过程中，不应容忍对团队有不良影响的开发人员。在另一项研究中，拉森和拉法斯托研究了 75 个项目，他们发现团队成员对团队领导未能有效处理问题成员感到不满。团队成员很清楚谁是问题人物，并且对领导处理问题的方式感到不满。有意思的是，这些团队领导往往会在人际关系处理上给自己打高分。

如果发现团队中有人产生负面影响，请立即与项目经理、高管团队、人力资源部门或其他相关人员沟通，考虑将此人调离项目或直接辞退。负面行为对团队凝聚力的破坏会波及每一位团队成员，问题成员的负面影响远远超过他可能带来的贡献。根据我观察到的情况，当问题成员离开项目后，人们往往发现他的工作质量和人际关系一样差。显然，不及时处理这样的团队成员有害无益。

7.7.5　员工培养的关键问题

初步项目计划需要解答关于项目人员配置的以下关键问题：

- 项目经理是否管理过一个或多个类似规模的项目？
- 项目的高级技术人员是否熟悉正在构建的软件类型并具有类似项目的成功经验？
- 大多数团队由平均技能水平的人员组成，我们对团队成员生产力的期望是否与其实际能力相符？
- 团队成员是否能够有效协作？

7.7.6　团队组织

不同的组织采取不同的团队组织策略，其中一些组织明显更为高效。最高效的软件组织平等对待高级软件开发人员和软件管理人员。他们对待软件管理人员的方式类似于职业球队对待教练：教练对团队的成功至关重要，但不会显著高于明星球员。

7.7.7　项目团队的组织结构

无论团队规模多大，项目团队都需要明确成员间不同的角色。在小型项目中，一个人可能同时扮演多个角色。

- **项目经理**：项目经理负责安排项目中所有的技术任务，包括开发、质量保证和用户文档。他们制定软件开发计划，并且通常是团队与高层管理之间的桥梁。

- **产品经理**：产品经理负责在业务层面上集成项目工作。在商业软件产品上，这包括营销、产品包装、用户手册、用户支持和软件本身。在内部项目中，包括与最终用户沟通以定义软件需求、安排培训及用户支持，以及协助迁移到新系统。

- **架构师**：架构师在设计和实现阶段负责保持软件概念的完整性。

- **用户界面设计师**：用户界面设计师负责在用户可以看见的层面上对软件进行概念完整性的设计。在内部项目中，这个角色可能由负责最终用户支持、用户手册编写、开发或产品管理的人员担任。而在商业产品中，这个任务由专业的用户界面设计师来完成。

- **最终用户联络人**：最终用户联络人负责在整个项目过程中与最终用户进行交流，用原型向用户介绍软件功能，演示新版本，收集用户反馈，等等。这一角色可以由开发人员、产品经理或最终用户支持人员来担任。

- **开发人员**：开发人员负责软件的详细设计和实现，确保软件能够正常工作。

- **质量保证/测试人员**：质量保证人员计划和管理测试活动，创建详细的测试计划并执行测试。他们负责找到使软件失效的所有办法。在规模较大的项目中，这些人员可能有自己的质量保证领导或经理。

- **工具开发人员**：工具开发人员负责开发构建脚本，维护源代码控制系统，开发项目需要用到的专门实用程序等。

- **构建协调员**：构建协调员负责维护和运行每日的软件构建（详见第 14 章的讨论），并在源代码造成软件构建过程失败时通知开发人员。

- **风险监督员**：风险监督员的任务是监控项目中新出现的风险，如本章前文所述。

- **最终用户文档专家**：负责制作最终用户将使用的帮助文件、打印文档和其他教学材料。

尽管这份列表中的角色众多，但在大多数项目中，这些角色实际上都以正式或非正式的形式被履行。尽管有些角色的日常职责可能有人在兼任，但明确每个角色的职责对项目规划非常有用。在大型项目中，每个角色可能由一个或多个人担任，职责分配清晰。对于小型项目，由于一个人可能兼顾多个角色，在进行项目规划时容易低估一个人的全部职责范围——例如，可能忽略一个主力开发者还需要负责与最终用户进行大量交流。明确定义角色有助于确保在项目时间表和其他项目计划中考虑到每个人的全部职责。

虽然大部分角色可以根据项目需要灵活配置，但软件开发和质量保证的角色应单独规划。质量保证人员需要一种不同于开人员的批判性思维，这种思维对于发现问题至关重要。

7.7.8 "老虎队"

管理有方的项目会在整个生命周期中识别并优先处理关键任务，无论是短期还是长期。项目团队可能面临的决策包括更新代码库以解决遗留版本的问题、评估竞争对手的新产品，以及根据中期发布后的用户反馈改进用户界面原型。

为应对这类挑战，项目经理可以成立一个专门的"老虎队"①。这样的特种部队通常由一到两人组成，专门负责快速完

---

① 译注："老虎队"（Tiger Team）最早源于军事领域，是指由精锐士兵组成的特种部队。这样的团队通常接受过严格的训练，拥有出色的战斗能力和执行力。后来，老虎队的概念逐渐扩展到体育和商业等领域。在体育领域，老虎队通常指代一个实力强的运动员团队。而在商业领域，老虎队则代表着具有创新意识和强大实力的团队。

成任务——通常在两周之内，有时甚至只需要几天。任务完成后，团队成员会回到其原有岗位。项目初期规划应预留时间缓冲，以应对未来可能启动的任务。

注意，不同开发人员可能对"老虎队"的任务有不同的反应。一些开发人员认为被选中参加老虎队的任务是对他们能力的认可，而如果从未被选中，他们可能会感到不满。一些开发人员很高兴有机会从事不同的工作，暂时离开现在的项目，休息一下。还有一些人可能不愿意离开自己的主要工作。

轮流抽调团队中的人员是组建老虎队的有效方法：如果项目负责人总是只选择团队中最能干的开发人员，可能会耽误项目的主要工作，导致这些开发人员分心。有时，项目经理能够识别出喜欢从事短期任务的团队成员，并可以调整他们的任务安排，以便他们有更多的机会参与老虎队。

7.8　时间统计

项目初期是启动详细时间跟踪的绝佳时机，任务包括记录团队成员在项目上的时间分配。时间跟踪对提升项目管理透明度和效率至关重要，可以作为准确估算和规划未来项目的基础。

通过时间跟踪，我们能够比较预估与实际花费时间，以便优化未来的估算。这些数据帮助我们利用项目活动的时间详情来更好地规划下一个项目、评估返工所需的时间以及判断问题修正是否及时。

如果团队尚未设定专门的时间统计类别，可以参考表 7-4 展示的时间统计类别。

表 7-4　时间统计类别样本

时间统计类别	活　　动
管理	计划
	跟踪进度/状态
	报告进度/状态
	管理项目团队的活动
	管理客户/最终用户的关系
	管理变更
行政管理	停机时间
	实验室设置
流程开发	创建开发流程
	审查开发流程
	修改开发流程
	培训客户或团队成员有关开发流程
需求开发	创建用户手册/需求规范
	审查用户手册/需求规范
	修改用户手册/需求规范
	报告在需求开发过程中发现的缺陷

时间统计类别	活　动
用户界面原型	创建用户界面原型
	审查用户界面原型
	修改用户界面原型
	报告在原型创建中发现的缺陷
架构	创建架构
	审查架构
	修改架构
	报告在架构构建中发现的缺陷
细节设计	创建细节设计
	审查细节设计
	修改细节设计
	报告在细节设计中发现的缺陷
实现	实现软件
	审查软件实现
	修改软件实现
	报告在软件实现中发现的缺陷
获得软件组件	调查/获得软件组件
	管理获得软件组件的过程
	测试/审查获得的软件组件
	维护获得的软件组件
	报告获得软件组件中发现的缺陷

时间统计类别	活　　动
集成	自动构建软件
	维护软件构建
	测试软件构建
	分发软件构建
系统测试	计划系统测试
	创建系统测试手册
	创建自动系统测试
	人工运行系统测试
	自动运行系统测试
	报告系统测试中发现的缺陷
软件发布	准备支持功能审查版发布、最早对外试用版发布或分阶段发布
	准备和支持最终产品发布
指标	收集测量数据
	分析测量数据

　　建议尽早开始项目时间跟踪，以收集宝贵的历史数据，为未来项目规划提供参考。时间记录应尽可能详细，并确保与表7-4中的分类保持一致。如果时间记录过于粗略，它提供的信息可能不足以指导未来项目的规划。为了进行时间跟踪，许多项目团队会采用在线时间记录软件，这类软件能让团队成员方便地直接录入时间数据。

7.9 软件开发计划

软件开发计划至关重要,尽管项目初期制定的计划不像项目结束时那样详尽。效率低下的软件项目常因重复遇到同样的问题而受阻,这些问题影响整个项目的规划基础,因此记录它们至关重要。软件开发计划应概述本章提到的所有计划考虑因素,包括决策权、项目规模、计划公告和进度更新、风险管理、人力资源策略以及时间追踪等。项目计划草案应由项目经理、质量保证团队和开发团队审阅并签字确认,随后像所有其他重要的工作产品一样,纳入变更控制流程。

一旦项目计划建立,为未来项目修改和调整计划就会变得更加容易。尽管第一个项目计划可能需要更多努力,但这可以作为后续计划的基础。

生存检查清单：初步计划

☺ 项目有一个清晰的愿景。

　💣☹ 该愿景未明确指出软件不应包含哪些功能。

☺ 项目团队确定了支持项目的高管或者拥有项目最终决策权的委员会。

☺ 所有项目团队成员和高层管理人员都可以随时查看项目计划及相关进展。

☺ 该项目有一名风险监督员。

　💣☹ 风险监督员由项目经理担任。

☺ 该项目有十大风险清单。

　💣 十大风险清单未及时更新。

☺ 项目团队针对十大风险清单中的每个风险制定了风险管理计划。

☺ 项目负责人雇用最合适的人员（在必要时，即使要等一段时间也要找到这样的人选），而不是雇用最先来应聘的人员。

☺ 在需求开发阶段之前就开始进行时间统计。

☺ 在软件开发计划中正式包含所有上述考量。

　💣☹ 软件开发计划不受变更控制。

　💣☹ 开发团队实际上并未遵循软件开发计划。

❧ 译者有话说 ❧

　　本章深入讨论了初步的项目计划。成功的项目通常包括以下要点。

10. 确定项目愿景，愿景要振奋人心，明确可行，以指导团队在软件功能上的决策。

11. 设定项目规模目标，合理估算项目的成本和时间进度，并确保团队成员了解计划的细节。

12. 计划风险管理，确定风险监督员，使用风险清单，创建匿名风险报告渠道。

13. 决定人员策略和组织结构，并明确人性化管理责任。同时，确保开发人员了解并认同项目愿景，同时关注团队的培养和项目中的典型角色。

14. 从项目开始时统计工作时间成本，这有助于提高项目的可见性和可控性。软件开发计划应涵盖本章讨论的所有计划主题。

第 8 章　需求开发

在需求开发期间，通过创建多个版本的用户界面原型、用户手册及需求规范，软件概念会逐渐明确。这种方法旨在精确收集需求，为建立优秀的架构打下基础。通过清晰的需求文档来优化项目流程和创建实用的用户手册。

软件需求的开发是项目的核心。[①]涉及收集客户需求、确定软件系统应具备的功能转化为明确的规范。需求开发包括以下活动。

- 收集需求：与目标用户直接交流，了解他们对系统的期望；研究市场上的竞争产品；构建交互式原型。
- 确定需求：将收集到的需求转化为可见的形式，如需求文档、故事板、交互式用户界面原型。
- 分析需求：寻找需求之间的共性和差异，并将它们细化为可实施的基本特征。这个环节通常属于初步设计阶段，本章不进行深入讨论。

这个过程，我称之为需求开发。这些活动常常被归类为"规范化""分析"或"收集"，而我使用"开发"的目的是

---

① 译注：相关著作有《高质量需求》《需求可视化》《敏捷需求》《高质量软件需求（第 3 版）》以及《用户故事地图》。扫码联系小助手，了解更多详情。

强调需求工作并不只是简单记下用户想要什么样的软件。和矿场中的铁矿石不一样，用户心中的需求不会静静地等着你开采。用户的思想是培育需求的沃土，团队需要有想法，孕育想法，最终才能钻取出需求。

> 需求收集最困难的不是记录用户想要什么，而是帮助用户明确自己真正的需求，这是一个探索和发展的过程。

需求的收集和规范是一项开放式活动。只有当团队清楚地了解用户希望用软件表做什么时，需求开发任务才能告一段落。轻视需求活动将成为代价高昂的错误。如果等到编码阶段才修正需求上的错误，其成本比在需求阶段再修正高 5 倍到 200 倍。

8.1　需求开发流程概述

建议采用以下需求开发步骤。

1. 确定一组可信赖的关键最终用户，并与他们共同定义团队正在构建的软件。
2. 采访最终用户，创建一组初步需求。
3. 构建一个简单的交互式用户界面原型。
4. 向关键最终用户展示这个原型，并向他们征求反馈意见。根据反馈不断调整原型，直至用户对软件概念满意，并在整个过程中保持设计的简洁性。

5. 开发一个编写原型外观和风格的样式指南，审核该指南并将其置于变更控制之下。

6. 在开发过程中，扩展原型以覆盖软件的每个功能区域，同时确保原型在展示功能时保持简洁，不涉及功能的正式实现。

7. 将全面扩展的原型视为基准规范，并将其置于变更控制之下。仿照原型开发软件，任何变化都需经过变更控制流程审批。

8. 根据原型编写详细最终用户手册，该手册将作为软件规范，并置于变更控制之下。

9. 对于不涉及用户界面的软件算法和交互硬件/软件，应创建独立的需求文档，并纳入变更控制。

以上步骤主要适用于交互式软件开发。如果正在开发的软件是没有用户界面的嵌入式系统（例如汽车巡航控制系统），本章中讨论的大部分内容可能不适用于你的项目。

下面将详细介绍需求过程中的步骤。

8.2 确定一组关键的最终用户

收集需求的第一步是确定一组用户，这些用户将在定义软件需求方面为你提供指导。选择能提供可靠见解的用户至关重要，他们认为重要的功能应被视为确实重要。同理，如果他们认为某个功能可以省略，那么应考虑删除该功能。注意，要包括高级用户和普通用户等不同类型的用户。

对于内部软件项目，项目负责人应邀请一小部分用户参与，并明确告知他们，参与项目属于他们的日常工作。可以邀请少数真实用户加入。为了高效利用时间，应该有计划地组织用户的交互。

积极寻求用户反馈是项目成功的关键。找不到合适的最终用户而终止项目的想法可能是一个伪命题。更明智的做法是首先寻找并了解合适的最终用户，而不是投入资源开发可能不受用户欢迎的软件。

8.3　采访最终用户

首先对潜在用户或目标用户群体进行采访，以确定一组初步需求。以这些需求为基础，制作一个简单的用户界面原型。

在过去 20 年，我留意到一件事：软件开发人员很难独立设计出深受用户喜爱的软件，因为用户有时也不清楚自己究竟想要什么。因此，软件开发人员与关键用户的合作有助于揭示用户需要哪些功能。这种合作可能有助于用户明确其真正期望有哪些功能。

8.4　构建简单的用户界面原型

尽量让原型保持简单。这个阶段的目标是在开始开发具体功能之前，为用户提供多个可选方案。项目团队应开发出足以展现软件预期外观和用户体验的原型。例如，在设计报表原型时，我们无需实现真实的打印功能。相反，可以使用文档编辑器创建报表的示例，并展示给用户，说明"单击打印按钮后，报表将呈现类似的格式。"

如果项目开发环境中缺乏合适的原型工具，我们可以考虑使用基于 Windows 的系统来设计原型，并模拟目标平台的界面和体验。例如，如果实际开发环境是 IBM 大型机，则可以用 Visual Basic 来模拟具有绿色文字和黑色背景的屏幕效果。

原型设计活动由一到三位经验丰富的开发者组成的小团队负责。这些开发人员应具备以最低工作量快速展示软件界面和操作体验的能力。如果开发人员在制作软件某一部分的原型上花费了好几小时，这可能意味着他们投入了过多精力，从而使原型过于复杂。我们的目标是尽可能使原型简洁明了。

这种开发原型的方法有助于用户直观地了解他们请求的软件功能，显著减少了他们在看到软件实际成品后才明确需求或在项目进行中改变需求的可能性。这种原型设计方式有效避免了需求逐渐增加的风险，而这正是软件项目常面临的主要挑战。

> 要让用户理解，用户界面原型仅是一个初步的设计。创建用户界面原型可能会使用户对项目的未来发展抱有不切实际的期望，因此我们需要明确其仅为原型。

8.4.1　如果条件允许，应使用情节串连故事板

情节串连故事板（又称情节串连图板）是制作用户界面原型的一种传统技术。开发人员和最终用户通过情节串连故事板来启动原型设计过程，绘制屏幕、对话框、工具栏等，并讨论他们希望软件具备的其他功能。开发人员和最终用户分组会面，在活动挂图上画出示例界面，团队成员可以简单地在挂图上不断地调整原型，探讨软件的细节，直到他们就软件的外观和功能达成一致为止。

采用故事板原型方法具有多个明显的优点：用户无需掌握原型设计软件即可亲自参与部分工作；故事板原型的创建和修改简单快速且成本低廉。

同时，故事板避免了原型设计中一些常见的风险。对开发者来说，不必深入开发原型或投入大量时间学习原型工具。对用户来说，这种方法减少了他们将原型误认为最终产品的可能性。

故事板的一个不足是，某些开发者和最终用户可能很难通过这种模型直接查看软件的可视化效果。原型的核心目的是辅助用户想象出将要制作的软件，但故事板对某些人而言可能不够直观。如果故事板无法帮助所有项目相关人员直观理解软件的外观，请不要犹豫，马上改用电子原型制作工具。

8.4.2 不断修改原型直到最终用户对软件感兴趣

第 1 个版本的原型很少能满足用户的期望。但开发人员还是应该向用户展示这个版本，寻求他们的反馈。这些反馈可能导致原型需要进行调整。他们应该向用户解释，使其知道原型会被不断改进，而用户的反馈在这个过程中至关重要。如果用户觉得软件不好用或感到困惑，问题往往出在原型设计上，而不是用户上。这些问题应在正式开发软件之前的原型设计阶段得到解决。对于在新领域（不到两年经验）或不熟悉的领域工作的开发团队，原型开发可能需要更多的时间。

在用户对原型感到费解或者不满时，团队需要不断地优化和简化原型。这样做的目的是开发让最终用户感到心满意足的软件，而不仅仅是"满足基本需求"的软件。尽管开发人员可能会在最终可能废弃的原型上投入大量时间，但这种早期投资是一种预防措施，能够避免后期代价更高。

在修改原型时，要提醒用户这仅仅是一个原型。根据我的经验，当开发人员向用户强调他们看到的"只是一个原型"时，用户通常会表示理解："我们明白，这只是展示用的模型，真正的软件开发还需要一段时间。"这种反馈显示，团队在解释原型目的方面做得很好。

8.4.3　制定用户界面样式指南

等到用户认可原型的外观和风格后，开发人员就要创建一个用户界面样式指南，为应用程序的视觉设计设定一个标准。这种风格指南应该只有几页长（包括屏幕截图在内），并且要足够完整，以指导剩余的原型设计工作。它应该包括标准按钮的尺寸和位置，例如"确定""取消"和"帮助"，可使用的字体样式、错误信息的展示方式、常用操作的快捷键、遵循的设计准则，以及用户界面中的其他关键元素。完成用户界面样式指南后，应对其进行审查并将其纳入变更管理流程。

在项目的早期阶段讨论设计风格对确保用户界面保持统一非常重要，这有助于避免开发人员频繁修改用户界面，并防止用户在项目末期随意提出修改要求。

8.4.4　全面扩展原型

开发一个全面的系统功能原型能够帮助开发人员直观地理解软件功能，从而更有效地进行架构设计和详细设计。项目愿景指导开发人员针对整体目标调整自己的工作，而一个详细的用户界面原型提供了具体实现的蓝图，并有策略地指导开发人员在工作细节上进行调整。

确保原型全面展示了软件的所有功能，例如：

- 所有对话框，包括标准对话框，如打开文件、保存文件、打印等；
- 所有图形输入屏幕；
- 所有图形和文本输出；
- 与操作系统的交互，例如导入和导出数据到剪贴板；
- 与所有第三方产品的交互，例如将数据导入和导出到其他程序，提供将要嵌入到其他程序的组件等。

确定了原型基准后，开发团队可能仍不确定原型中的一些特定功能在技术上是否可行。可行性问题是原型设计的先天不足，因为有些功能虽然易于在原型中展现，但实施它所需要的技术却可能尚未成熟。例如，根据用户文字描述生成逼真图片的功能可能超出了当前的技术范畴。

应将有风险的功能单独列出并记录下来，向最终用户解释记录的原因，并获取他们的理解与签字确认。这样的列表可以作为需求规范的一部分。几乎每个项目都会有一些"需要进一步调查"的功能提案，所以要做好心理准备。

8.4.5 请记住，原型是要废弃的

虽然我们希望原型能够展示软件的全部功能，但重点应聚焦于以尽可能少的工作量来展示更多的功能。请记住，原型是

需求开发阶段的工作产品，仅用于展示，不能作为最终软件产品。

好的原型就像好莱坞的舞台布景，可以用胶带和绳子临时拼凑起来。从正面看，可能看起来像是一座房子，但从背面看，只是一块木板。

尽管好莱坞的舞台布景可以为实际建筑提供灵感，但软件原型不应用作构建最终软件的基础。

因此，在开发原型时，不要把原型代码当作可发布软件的基础，而是要有意地将原型设计成一次性的工作产品。试图在最终软件中使用原型代码，就像在舞台布景的基础上建造真正的房子一样。

如果打算在特定的编程环境下开发原型，请确保所选的环境不会允许原型代码成为最终软件的一部分。例如，如果项目团队计划使用 C++或 Java 实现软件，他们可以选择使用 Visual Basic 来开发原型，因为 Visual Basic 的代码不能直接转换为 C++或 Java，从而避免了将原型代码用于最终产品的可能性。

8.4.6 将全面扩展的原型作为基准规范

此时，团队应将用户界面原型作为开发工作的参考。为了达到这个目的，原型必须是稳定的，团队需要努力开发与原型严格对应的软件。项目负责人需要正式批准原型基准，并确保将其纳入变更管理流程。项目将根据原型基准进行估算、计划、人员配置、架构、设计和开发等工作。确保原型稳定并对任何变更进行有效管理是十分必要的。

采用系统化的方式控制变更并不是要冻结需求，而是通过规范的流程来管理软件的后续变更，以此确保项目目标的实现。一个常见的误区是无差别地接受所有变更请求，这种没有策略的做法最终会削弱项目实现其目标的能力。

原型基准定型后，就能提供一些有价值的参考。除了有助于稳定需求，完整的用户界面原型还可以在架构、设计和实现期间支持最终用户手册和测试计划等开发工作。如果原型不稳定，用户手册和测试计划的编写将不得不推迟到软件实现阶段，这会给它们带来巨大的压力。

8.5 编写详细的最终用户手册

在将原型纳入变更管理之前，可以开始编写详细的用户文档（即用户手册/需求规范），这份文档最终将交付给用户。这项工作通常在项目末期才进行，但按照本书介绍的方法，可以将它提前到项目的早期阶段。

一些人可能会担心，持续更新一个完整的最终用户手册可能比单独制定技术需求规范更耗时。虽然单独编写需求规范可能比较耗时，但实际上，创建一个既包含用户手册也涵盖需求规格的综合文档，通常比分别制作用户使用说明和全面技术规格更节省成本。

优先开发最终用户文档消除了编制独立技术规格说明的需求。与典型的技术规范相比，这样编写的文档对最终用户来说更容易理解，因而可以提升用户对软件反馈的质量。提前开发最终用户手册能够进一步明确用户界面原型展示的软件细节，查漏补缺，消除歧义。

通过在项目早期引入代表最终用户利益的技术写作人员，我们能更准确地捕捉和表达用户需求，考虑问题也更全面。

这样的需求规范更易于持续更新。通常，需求规范是需求阶段为满足项目计划要求而编写的。当开发团队认识到这份需求规范最终要发布给最终用户时，他们会更有动力进行持续的更新。

在项目早期引入技术写作人员的方法还解决了一个长期以来的疑问："需求规范应该描述'做什么'还是'怎么做'？"如果技术文档编写人员认为某些信息是最终用户需要了解的，他们就会在用户手册或需求规范中加入这些信息。规范中未提到的内容则留给开发人员，让他们来决定如何处理。

许多产品都有一系列复杂的文档，包括用户手册、教程、参考资料和在线帮助等。在原型开发阶段，唯一需要编写的文档是描述软件所有功能的文档。可以将它作为在线帮助文档的一部分，提前开发在线帮助文档，为开发团队提供宝贵的参考。

8.6 创建单独的、没有用户界面的需求文档

本章描述的方法尤其适用于频繁进行的中小型项目。在大多数项目中，存在一些功能细节，这些细节难以仅通过用户界面原型或用户手册来充分描述，因此可能不足以指导这些功能的设计和实现。更详细的需求，如详细算法规范、与其他硬件和软件的交互、性能要求、内存使用等，应归纳到单独的需求文档中，或作为用户手册/需求规范的附录。

软件初步开发完成后，上述单独的需求文档或用户手册/需求规范的附录应得到审查和确认，并纳入变更管理流程。这样可以确保所有关键需求都有记录、审查，并在开发过程中得到妥善管理。

生存检查清单：需求开发

☺ 项目团队已经找到一批可靠的关键最终用户来共同定义软件。

☺ 开发人员设计了多个初步原型版本，并最终确定了一个能吸引用户兴趣的版本。

💣☹ 一旦开发团队发现用户对用户界面原型不感兴趣，

就应该重新考虑原型的设计。

☀☹ 开发人员扩展了用户界面原型，以便获得用户的详细需求反馈。

☀☹ 原型开发没有遵循项目既定的原型策略，即在全面覆盖功能区域的同时尽量简化用户界面。团队在开发一些最终需要重写的深层功能上花费了过多的时间。

☺ 项目团队开发了用户手册/需求规范，并将其用作详细的需求规范。

☺ 制作完成的原型已正式定型并被置于变更控制之下。

☀☹ 项目团队尝试在编写实际软件时使用原型中的代码。

☺ 创建和审查了独立的、无用户界面的需求文档，并将其纳入变更管理流程。

❧ 译者有话说 ❧

　　本章的主题是软件需求开发方法。软件的成功取决于最终用户是否使用并喜欢该产品，这从软件项目的角度来说，意味着要最大程度地满足用户的主要需求。

　　需求开发流程如下所示。

1.　确定一组关键的最终用户。

2.　采访这些最终用户，构建初步的需求。

3.　构建简单的用户界面原型。

4.　向关键的最终用户展示原型，征求他们的意见，并根据反馈修改原型。

5.　制定用户界面样式指南。

6.　全面扩大原型，确保覆盖所有功能区域。

7.　将全面扩展的原型作为基准规范。

8.　编写详细的最终用户手册。

9.　创建不涉及用户界面部分的需求文档。

　　流程显示，需求开发不只是收集用户需求，还包括确定和分析这些需求。通过用户界面原型与客户沟通，确认软件模型，直至客户满意。

第 9 章　质量保证

　　软件质量保证过去只与软件测试相关，而如今，高效的项目管理不仅涉及软件测试，还包括技术审查和项目规划等活动。这些活动的共同目标是尽快以较低成本发现和修正缺陷。

　　当人们在谈论质量时，可能指代多个方面，如系统稳定性、软件功能满足用户期望、程序的适用性与完整性、满足既定需求，以及项目初期需求规范的准确性。质量的定义是软件满足明确和隐含需求的程度。本章将探讨如何确保软件达到这样的质量标准。

9.1　为什么质量很重要

　　软件无法做到完美，因此保持缺陷在可控范围内就显得尤为重要。它直接影响开发速度、成本以及项目等方面。第 3 章提到了上游与下游效应：在软件开发的下游阶段检测和修复缺陷的成本可能比在上游阶段高出 50 至 200 倍。这个理由足以使我们重视质量，更不用说还有其他重要因素需要考虑。

　　有时，人们可能认为可以忽略当前项目的质量保证，并计划在下一个项目中纠正遗留的质量问题。对于那些持续时间较短（1 到 2 个月或更短）的小项目，这么做有时不会有什么大的问题。但在工期比较长的项目中，忽视质量最终将带来严重后果。不可能将所有因轻视质量而产生的负面影响推迟到下一个项目进行处理，许多缺陷会直接影响当前项目的进展。

软件质量直接影响商业成本。低质量的软件会增加用户售后服务的压力。像微软这样的领先公司已经认识到了这一点，并将支持最终用户的服务费用计入开发该软件的业务部门的成本中。

开发低质量的软件，然后在这个不稳定的基础上构建其他部分，也会增加维护成本。你可能认为程序的生命周期只有 3 到 5 年，但实际上，大多数程序的生命周期相当长，会由十代以上的程序员进行维护。由于软件生命周期中 50% 到 80% 的成本是在首次发布后产生的，因此确保第 1 版的成功在经济上更为合理。

说到底，只有你知道发布低质量软件将对自己的业务造成什么样的影响。我从过去的经验中深刻地认识到，客户并不在意高质量软件的延期交付，也不在乎低质量软件的按时交付，他们只关心软件是否好用。

常言道，不注重质量而只追求快速开发的软件，其开发速度上的优势很快就会被遗忘，而低质量带来的问题却会让用户耿耿于怀。

9.2　质量保证计划

本书强调一个核心理念：若想确保软件项目的生存，团队必须勇于承诺。为了保障软件项目的质量，团队至少需要完成以下任务。

- 事先计划软件质量保证活动。

- 将软件质量保证活动写入计划文档。

- 软件质量保证活动必须在软件需求开发期间或更早开始。

- 质量保证由一个独立团队执行。根据项目规模，这个"团队"可能是一个人，也可能是来自两个不同项目的开发人员，他们互相交换，负责对方项目的 QA 工作。

- 团队成员应接受培训，学习执行质量保证的正确方法。不要只是任务分配给经验最少的程序员并告诉他"你来负责我们的 QA 工作"。

- 为质量保证活动提供充足的资金支持。

质量保证计划的组成部分

有效的质量保证计划包含多项活动，包括缺陷跟踪、单元测试、代码审查、技术审查、集成测试和系统测试。

缺陷跟踪是这些活动的基石，项目团队记录每个发现的缺陷、缺陷来源、检测到缺陷的时间、解决缺陷的时间、解决缺陷的方法（是否已修复）等。缺陷跟踪是项目监控和控制的关键。完善的缺陷信息有助于准确预测项目发布时间、评估产品质量状况以及识别开发流程中潜在的改进点。

单元测试是指开发人员对自己编写的源代码进行测试，是非正式的。"单元"一词可以指代子程序、模块、类或更大的编程实体。在单元集成到主程序或转交给其他团队审查或测试前，应对每个单元进行测试。

代码审查指在开发过程中对源代码进行的系统性检查，由编写代码的开发人员执行。这种方法被广泛认为能有效发现编码错误。我的经验也证明，要求开发人员在代码集成之前逐行检查，可以显著减少集成阶段的问题。

技术审查指开发人员对同事的代码、设计文档等技术成果进行的审查。这个过程的目的是确保用户界面原型、需求规范、系统架构、设计以及所有其他技术产物达到预期的质量标准。它还涵盖对新的源代码及其修改的审核。技术审查通常由开发团队的成员负责，而质量保证人员则负责确保开发团队执行审查流程，并追踪审查中发现的缺陷。

集成测试指将新开发的代码与现有代码集成后进行的测试，由开发新代码的开发人员执行。

系统测试专注于发现软件中的缺陷，这项测试由一个独立的测试团队或质量保证团队负责实施。

这一系列质量保证活动看似会产生大量的工作，但实际上，多层次质量保证方法的目的是尽早检测出尽可能多的缺陷，以降低修复成本。

9.6 缺陷跟踪

缺陷跟踪是指缺陷被发现到被解决的整个时间段对缺陷进行记录和追踪。这一过程既可以针对单个缺陷，收集每个缺陷的详细信息，也可以在统计层面进行，收集诸如活跃缺陷数、已解决缺陷的比例、平均修复时间等关键数据。

从项目早期就开始跟踪缺陷，有助于团队认识到及时解决缺陷的重要性，进而在整个项目过程中准确报告检测到多少个缺陷。

缺陷跟踪是一个关键的质量保证过程，应从项目的早期阶段开始实施，特别是在需求已经确定且工作成果开始接受变更管理的时候。在软件开发过程中，当开发人员发现设计层面的问题时，这些问题应立即记录和跟踪，因为此时的产品设计已经敲定。如果在代码审查完成并确定了基准，开发人员发现的问题仍未解决，那么这个问题就应该正式记录为缺陷。

缺陷报告应由变更控制来管理，并且所有的缺陷及相关的软件质量数据都应该公开，这样一来，团队就能够估算软件中剩余的缺陷数量。解决的缺陷数量还可以作为衡量测试进度的一个指标。

虽然缺陷跟踪听起来很复杂，但实际上有许多专业工具可以大幅减轻这项任务的负担。相关缺陷信息应详细列出，以供跟踪。表 9-1 列出了应跟踪的各种缺陷信息。

表 9-1　缺陷报告中跟踪的信息

缺陷 ID（数字或其他唯一标识符）
缺陷说明
生成缺陷的步骤
平台信息（CPU 类型、内存、磁盘空间、显卡等）
缺陷的当前状态（活跃或关闭）
发现缺陷的人
发现缺陷的日期
严重程度（基于数字刻度，如 1-4，或口头分类，如轻微、中等、严重等）
产生缺陷的阶段（需求、架构、设计、构造、缺陷测试用例等等）
发现缺陷的阶段（需求、架构、设计、构建等）
修复缺陷的日期
修复缺陷的人员
需要修复缺陷的时间（人时）
修复的工作产品或产品（需求声明、设计图、代码模块、用户手册/需求规范、测试用例等）
解决方案（等待工程修复，等待工程审查，等待质量保证验证，修复了，确定不是缺陷，无法重现缺陷等）
其他说明

　　根据收集的缺陷信息，项目团队可以生成图表和报告，用它们来跟踪和评估项目状态，并为未来项目开发建立信息库。要想知道如何利用这些信息，请参见第 16 章。

9.4　技术审查

由于技术审查能够检测和纠正上游工作产品中的缺陷，其重要性与测试不相上下，尤其在控制成本和时间进度方面。"技术审查"（也称为"技术评审"）这一术语泛指各种审查技术的应用，包括程序执行步骤的审查、重点审查以及代码阅读等。

除了能确保质量，审查还是初级和高级开发人员之间相互交流的机会。高级开发人员可以指出初级开发人员代码中的问题，而初级开发人员则有机会通过学习高级开发人员的编码实践来提升自己的编程技巧。同时，审查也为初级开发人员提供了一个展示自己创新想法和挑战现有假设的平台。

9.4.1　常规审查模式

审查遵循如下常规模式。

1. 通知和分发：工作产品的作者通知审查人员工作产品（例如，项目计划、需求、用户界面原型、设计、代码或测试用例）已准备好进行审查。在正式场合，作者会将这些材料提交给审查会议的主持人。主持人负责确定哪些人应参与审查过程、参加审查会议并将相关材料分发给审查人员进行预审。

2. 准备：审查人员审查工作产品，最好有一份历史常见错误清单作为参考。审查会议应该在审查人员完成了工作产品审查之后再召开。

3. 审查会议：作者、主持人（如果有的话）和审查人员开会检查工作产品。

4. 审查报告：会议结束后，作者或主持人需要记录审查会议的关键数据，如审查的材料数量、发现的缺陷数量及类型、审查会议耗时以及工作成果是否通过审查。

5. 跟进：根据审查反馈，作者或相关责任人应对工作成果进行必要的修改。修订后的部分将由审查人员重新审查，以确认工作成果是否正式通过了审查。

9.4.2 成功审查的要点

为获得最佳效果，请注意以下要点。

● 在项目早期就开始审查：从项目的需求、架构和设计阶段起，就应该开始对所有生成的技术文档进行审查。这包括由质量保证人员和技术人员共同审查的质量保证计划和测试用例。审查应一直持续到实施阶段，涵盖所有详细设计和源代码。项目管理文档，如项目进度计划和软件开发计划，也应纳入审查范畴。

● 技术审查的重点应该是发现缺陷：技术审查应聚焦于识别问题。在审查会议上讨论解决方案通常效率较低，可能会浪费参与者的时间，因此，最好把讨论解决方案的环节留到后续的独立活动中进行。

- 保持技术审查的专业水准：如果审查过程缺乏焦点，可能会演变成一场技术上的较量。如果有任何权威人士出席技术审查会议，会议的焦点很可能转为讨好这些权威人士，因此最好不要让管理层和客户参加这种会议。可以为管理层或客户举办专门的审查会议，但这些会议不算是真正意义上的技术审查。

- 跟踪已经审查过的材料：追踪设计和代码审查的进展是评估项目状态的另一有效手段。通过监测每周审查的模块数量，可以清晰地看到还有多少模块待审查。如果一周内审查的模块数量异常高，导致审查可能会早于截止日期完成，那么这可能意味着审查不够严格，或者测试人员在这些模块中发现的缺陷数量超出了平均水平。

- 记录审查期间检测出来的缺陷：审查报告是审查活动产出的关键文档，其中应详细列出检测到的缺陷、修复缺陷的预定时间表以及验证修复效果所需的时间安排。

- 验证在审查期间确定任务的完成情况：技术审查期间一个常见的问题是团队没有跟踪在审查期间发现的缺陷。技术审查中发现的缺陷应像系统测试阶段发现的缺陷一样，记录在缺陷跟踪系统中。这样可以确保这些缺陷被有效追踪，直到彻底解决。

- 将审查结果公布给项目团队：尽管审查会议仅限技术人员参与，但审查结果应该公开出来（仅在项目团队内部），以便其他成员参考。例如，开发人员可以基于审查结果调整他们的工作计划，推迟或修改那些存在较多问题的模块的编码工作，并在必要时对问题模块进行重构。

- 在计划中留出审查时间和纠正审查期间发现缺陷的时间：要求开发人员在完成常规工作之外还要承担额外的审查任务是不合理的，这种做法会削弱审查的有效性。在成功的项目中，审查是开发人员的常规工作的一部分，应该像其他工作一样被计划和安排。

高效的审查过程能够识别出计划、设计、测试用例或源代码中的问题，因此，项目时间表中应预留出足够时间来修正查阶段发现的这些在问题。

9.5 系统测试

审查是确保上游软件质量的关键手段，而系统测试则是确保下游软件质量的关键手段。以下是成功进行软件系统测试的一些要点。

- 采用独立测试人员进行系统测试：为了确保测试的有效性，系统测试不应由参与软件开发的人员执行。开发人员虽然能够发现某些缺陷，但深度挖掘缺陷通常需要一种不同的思维模式——从设法让软件运行变成设法让软件出错。有些时候，项目中参与早期开发的人员可以同时担任这两种角色。

- **确定需求后立即开始计划测试**：系统测试的成功离不开周密的计划。测试用例应当像源代码一样经过设计、审查和实施。为了避免测试成为发布软件的瓶颈，应在需求确定后尽快开始制定测试计划。

- **开始第 1 阶段的系统测试**：在分阶段交付模型中，应在第一阶段中期就准备好可运行的软件，并立即开始系统测试。

- **通过需求可追踪矩阵确认所有的软件需求都有对应的系统测试**：在计划软件系统测试时，应该使其覆盖软件的所有功能。这通常通过一个称为"需求可追踪性矩阵"的工具实现。在这个矩阵中，每一行代表一个测试用例，而每一列代表一个需求。矩阵中的"1"表示相应的测试用例验证了特定的需求。若某行不含"1"，则意味着对应的测试用例不验证任何需求，可视情况忽略。若某列不含"1"，表明没有设计测试用例来验证对应的需求。为确保全面测试，每个需求和测试用例至少应有一个对应的"1"。虽然构建需求追踪矩阵可能较为烦琐，但它是确保覆盖所有软件功能范围的有效方法。

- **为系统测试提供足够的资源**：充分测试计算机软件所需要的资源取决于所开发的软件类型。对于高质量的商业软件，一个常见的做法是保持开发人员和测试人员的比例大约为 1:1，这是微软和其他顶级软件公司的选择。需要大量测试人员的原因是，大部分测试工作都需要自动化，以便在软件变更时能够频繁地执行（有时甚至每天都要执行）端到端测试。对于关键业务系统，这种高比例同样适用。

对于攸关性命的软件，比如航天飞机的飞行控制软件，则需要更多测试人员，甚至可能达到一名开发人员对应十名测试人员。

相对而言，内部业务系统对可靠性的要求不那么严格，可以实施更小规模的测试，例如，每三到四个开发人员可能只需配备一名测试人员。这类系统的测试用例不必完全自动化，且软件的可靠性要求较低，因此测试标准相对宽松。

- **破除测试成瘾怪圈**：测试本身并不能提高软件质量，就像称体重本身不能减肥一样。

> 测试是一种发现软件系统质量水平的手段，而非确保软件质量的方法。

当测试与缺陷修复结合在一起时，它们才能共同构成确保软件质量的方式，但这并不是最有效的方法。更有效的方法是将上游的质量保证活动（如用户界面原型设计和技术审查）与下游的测试相结合，这种方法更加经济高效。

很多软件组织由于缺乏上游质量保证活动而陷入了恶性的"测试成瘾"怪圈。他们的软件质量差是因为上游的质量保证工作不充分，导致下游检测到大量缺陷。由于存在大量缺陷，这些低质量的项目需要大量的测试人员，进而导致团队无法为下一个项目的早期质量保证工作分配足够的资源。随着越来越多的资源被投入项目的下游测试，而不是下一个项目的上游预防措施，将会形成恶性循环，下一个项目会遇到更多下游问题，甚至需要更多下游测试。

破除"测试成瘾"怪圈的唯一方法是痛下决心，为项目的质量保证预留必要的上游资源。一旦在项目中看到这种方法带来的好处，为下一个项目争取所需的上游资源就会变得容易许多。

9.6 Beta 测试

在本书推荐的方法中，质量保证活动通常通过内部实践执行，这包括技术审查和由独立测试团队执行的系统测试。然而，出于各种原因，公司可能会将软件开放给外部的 Beta 测试[①]人员，如表 9-2 所示。其中的部分原因是技术性的，但大多数是非技术性的。需要注意的是，除了兼容性的测试以外，Beta 测试使用的所有技术手段其实都可以通过其他方法获得更好的结果。

---

① 译注：Beta 测试，也称内测，由软件应用程序的"真实用户"在"真实环境"中执行，可以视为一种外部用户验收测试。

表 9-2　使用外部 Beta 测试的原因

方式	原因
专家咨询	一些组织会向专家用户展示他们的软件，以获取专家的反馈和建议，并据此改进软件，以吸引专家用户
杂志评论	在向公众发布软件之前，一些组织会先让杂志评论家试用，目的是赢得他们的正面评价
建立客户关系	一些组织会通过向主要客户提供测试版软件，让客户感受到他们享有特殊待遇，从而加深客户关系
推荐和舆论控制	一些软件公司会发布软件以收集用户的好评，然后利用这些好评作为营销材料。同时，他们也会收集用户反馈，识别软件中受欢迎和不受欢迎的功能，并在营销活动中重点展示最受欢迎的特点
根据客户使用模式增强用户界面设计	一些组织会将几乎完成的软件交给客户，观察客户如何使用软件，并据此优化用户界面，解决常见的使用问题
兼容性测试	为了确保软件能够在多种外部硬件和软件环境下正常运行，一些组织会向客户发布测试版软件，尤其是当组织内部能测试的环境类型有限时
一般质量保证	许多组织采取的策略是将软件广泛分发给尽可能多的用户，他们认为软件的用户越多，在正式发布前发现的缺陷也就越多

等到 Beta 测试阶段才开始征求专家意见往往为时已晚。如果软件开发过程中需要专家的建议，最理想的做法是在需求收

集阶段就开始征求对用户界面原型的反馈。同样，用户界面的微调也应在需求阶段完成，而不是等到 Beta 测试阶段，这有助于确保在软件开发的早期阶段就解决潜在的设计问题。

尽管广泛的 Beta 测试曾是许多软件公司用以保障质量的主要手段，但他们逐渐意识到这种方法并不总是有效。当软件的测试版首次对外发布时，大部分用户并不会报告任何缺陷，也不会提供反馈。因此，一些公司开始缩小测试版软件的发放范围，但这导致用户对软件的修改需求激增，而关于软件缺陷的报告仍然很少。这种经历让公司意识到，Beta 测试收集到的反馈多为低质量，未能实现质量保证的目标，尽管它可能对营销有一定的帮助。

为获得真实用户反馈，可以考虑付费邀请用户代表来到项目现场，在团队的观察下使用软件，而不是广泛开展 Beta 测试。记录用户与软件的交互全程，以便开发团队能够复现用户遇到的问题。这样的用户测试能够提供比广泛的 Beta 测试更集中、更有效的反馈。出于这个原因，商业软件领域的领军企业基本上已经不再使用 Beta 测试作为质量保证的手段。

> 如果转而在公司内部举行 Beta 测试，为了确保测试的有效性，需要进行大量的协调工作，并提供更多的质量保证资源。

对于那些最终将服务于成千上万用户的软件产品，在最终版本发布之前推出一些外部测试版本可能更加实用。这些外部版本的重点并不是全面的质量保证，而是专注于特定的兼容性测试。即使是世界上最有钱的公司也没有能力完全测试现代计算机上所有可能的硬件和软件组合。一旦软件通过了全面的系统测试，向一批愿意配合的外部用户发布这款软件进行兼容性测试是最有效的方法。

9.7 质量保证计划涵盖的工作产品

质量保证计划应指明将要审查或测试的工作产品。表 9-3 描述了应用于本书中每个工作产品的质量保证实践。

表 9-3 为工作产品推荐的质量保证实践和责任

工作产品	质量保证	开发	文档	管理	客户/营销	最终用户
变更控制计划	●	●	●	●	●	○
变更提案	●	●	●	●	●	○
愿景描述	●	●	●	●	●	○
十大风险清单	●	●	●	●	○	
包括估算的软件开发计划	●	●	●	●	○	
用户界面原型	●□	●		○	●	●
用户界面风格指南	●	●		●	●	●
用户手册/需求规范	●■	●		○	●	○
质量保证计划	●	○		○	○	
软件架构	○	●		○	○	

续表

工作产品	质量保证	开发	文档	管理	客户/营销	最终用户
软件集成过程	○	●	○	○		
分阶段递交计划	●	●	●	●	●	○
包括微型里程碑时间表的独立阶段计划	●	●	●	○	○	
编程标准		●		○		
软件测试用例	●	○		○		
可执行软件	■	■	■	■	■	■
源代码（新的）	○ ■	●■		○□		
源代码（变化的）	○ ■	●■		○□		
包括图形、声音、视频等媒体	○ ■	●■	○	○	●	○□
软件构建指令		●				
详细设计文档	○	●		○		
每个阶段的软件构建计划	○	●	○	○		
安装程序	○ ■	●■	○	○	○	■
部署文档（切换手册）	○ ■	●■	●	●	●	●■
发布清单	●	●	●	●	○	
发布批准	●	●	●	●	●	
软件项目日志	○	●	○	○		
软件项目历史文档	○	●	○	○	○	
确实审查过（●）测试过（■）可能审查过（○）可能测试过（□）						

　　如你所见，在变更控制流程中的所有工作成果都经过仔细审查，其中一些还接受了测试。某些工作产品（如用户手册）在某种意义上也通过测试，即根据手册来使用软件，以验证软件的实际表现是否与手册中的描述一致。

　　在不同的项目中，具体的责任分配可能会有所变化，这主要取决于项目团队成员，包括文档撰写者、项目经理、客户、营销团队和最终用户的技能及兴趣。

9.8　质量保证的辅助活动

　　除了基本的质量保证活动，质量保证团队还要参与项目软件开发计划、标准和程序的准备和审查工作。质量保证团队将审查软件开发活动，确保关键活动如审查、单元测试和源代码管理得以实施。团队还会定期向开发团队和管理层反馈这些活动的成果，并与高层管理人员一起审查这些工作的执行情况。

9.9　软件发布标准

　　我以业务顾问身份参与过很多公司的软件审查，在这些组织中，软件发布时间通常完全由软件开发团队决定。这种做法好比安排狐狸看鸡窝，因为开发人员和管理者都希望按计划按时间达成目标，并对软件质量充满信心。为了平衡这种倾向，我们需要一套有效的检查和平衡机制，而质量保证团队扮演的正是这样的角色。

因此，质量保证计划必须明确设定可以量化的软件发布标准。这些标准可能包括"没有可重现的软件崩溃""发现缺陷的间隔时间平均超过 8 小时""已修复 95%的报告缺陷"或"没有任何活跃的'严重级别 1'或'严重级别 2'的缺陷"等。这些标准应当是具体且可量化的，以便质量保证团队能够明确报告软件是否准备就绪，以此来消除非必要的政治性争论。

生存检查清单

☺ 项目有一份书面的、经过批准的质量保证计划。

　　☀☹ 项目未按照书面计划执行。

☺ 质量保证与需求定义工作同步启动。

☺ 缺陷跟踪软件在需求开发阶段就已经上线，并且从项目早期就开始跟踪缺陷。

☺ 在设计和代码被标记为"完成"之前，开发人员审查所有的设计和代码。

　　☀☹ 审查过程中从未否决过任何设计或代码，这意味着审查很有可能只是走个过场。

　　☀☹ 开发人员在提交审查前未进行源代码跟踪和单元测试，导致审查阶段发现大量缺陷。

☺ 质量保证计划由独立的质量保证团队执行。

　　☀☹ 独立的质量保证团队没有资金支持。

☺ 质量保证计划制定了具体的、可量化的标准，用来判断是否为软件发布做好充分的准备。

❧ 译者有话说 ❧

本章的重点是质量保证。质量的一般定义是"软件满足陈述的需求和隐含需求之程度"。

本章解释了质量的重要性，并指出质量保证涵盖软件测试、技术审查、项目规划等多个方面。

质量保证计划的重要组成部分包括：缺陷跟踪、单元测试、源代码审查、技术审查、集成测试、系统测试、软件发布标准。

本章重点讨论了以下议题：缺陷跟踪信息的需求；技术审查的模式和成功审查的要点；独立测试人员在系统测试中的角色；Beta 测试的优缺点；项目工作产品的质量保证及其缺陷跟踪的可跟踪性；软件发布标准。

第 10 章　软件架构

　　软件架构为项目提供关键的技术框架。好的架构能够简化项目实施并确保各部分顺利集成。相反，差的架构可能使集成工作变得异常困难。高质量的软件架构文档详尽地描述了程序的组织结构、对潜在变更的支持、可复用或可购买的组件，以及标准功能领域内的设计方法等。此外，架构文档还会阐明架构如何满足系统需求和减少潜在的后续成本。

　　建筑行业中，模型和蓝图提供了经济实用的方案探索手段。同样，软件架构阶段在软件开发中扮演着类似的角色，通过设计图和原型以较低成本探索不同的设计方案。

　　在软件开发过程中，设计图和原型在架构阶段勾勒出软件的基本结构。系统架构文档通常用于描述系统结构，被称为"系统结构""设计""高层级设计"或"顶级设计"。

　　在这一阶段，系统架构团队将软件系统分解成若干关键子系统，并详细描述这些子系统之间的相互作用，制定软件系统的顶层技术方案。团队还将讨论系统运作中遇到的主要设计挑战，如错误处理、内存管理和字符串存储等，为详细设计阶段的系统架构提供定义，为后续的设计工作奠定基础。

　　在小型项目中，架构和详细设计可能合并为一个活动，但在大多数项目中，架构应当作为单独的活动。《人月神话》作者弗雷德·布鲁克斯指出："设立系统架构师这个职位，是实现设计完备性的关键……在上过二十多轮软件工程实验课之后，我开始坚持一个观点——学生团队至少要有 4 个人，必须从中选出 1 个经理和 1 个独立架构师。虽然在这样的团队中定义不同的角色看似没有必要，但经验告诉我，这种方法可以使团队更高效地合作，最后顺利完成设计任务。"

本章的讨论假定软件架构是由一组架构师设计开发的。在深入详细设计和构建软件之前，应仔细考虑并解决本章提出的各项问题。

10.1 启动架构阶段

一旦需求开发工作大约完成 80%，就应该开始架构工作了。通常，要在架构阶段之前明确所有需求规范并不现实，除非延长项目时间。一旦掌握大约 80% 的需求，软件架构的构建便具备了充分的基础。80% 是一个经验法则，项目负责人需要根据项目的具体情况来判断是否需求已经足够完善，以便开始架构设计。

在架构团队开始进行架构设计之前，建议项目团队、高管们以及客户一起进行第 4 章描述的规划检查点的审查。如果项目无法获得必要的资金支持，那么进行全面的架构开发将毫无意义。

10.2　好的架构有哪些特征

当架构团队开始着手架构设计工作时，他们将遇到一系列核心设计问题，这些问题是项目架构需要解决的。

10.2.1　系统概述

架构应该为系统提供一个宏观的描述。没有这样的全局视角，开发人员很可能陷于细节以及众多独立的模块或类中迷失方向，难以构建出一个整体的视图。架构还应讨论所有考虑过的主要设计方案，并清楚地阐明为何最终采用当前方案而不是其他可能的方案。

10.2.2　概念的完整性

在设计系统架构时，首先应明确目标。不同的系统设计可能各有侧重，比如可修改性或优异的性能表现，即使功能相同，设计方法也可能有所不同。

好的架构应该对应于要解决的问题，无论具体是什么问题。经过数天甚至数周的迭代和改进，架构师应该能够设计出可以用来解决问题的最佳架构，当其他人看到架构时，他们的想法应该是这样的："这样的设计既直观又简明扼要，没有比这更好的解决方案了。"作为软件工程领域的学者，哈伦·米

尔斯认为，软件设计应该追求极简主义，过于复杂的架构往往
效果更差。

避免厨房水槽式的架构设计，这种设计试图从各个角度解
决所有可能的问题而导致结构过于复杂。好的系统架构应当展
示出团队在简化方法上做出的努力。一个衡量标准是，以简洁
为原则的架构文档应当短小精悍且包含大量图表，平均页数不
应超过 100 页。

正如《人月神话》这本广受欢迎的软件工程书籍所强调
的，保持概念完整性是大型系统设计的关键。在查看架构时，
人们应该感到它的解决方案自然而简洁，而不应该觉得问题与
架构像是生硬拼接在一起的。

10.2.3　子系统和组织

架构设计应明确划分程序的主要子系统。子系统代表了程
序的核心功能区域，如输出格式、数据存储、分析和用户输入
等。理想情况下，一个系统应该包含大约 5 到 9 个子系统。过
多的子系统可能会使整个架构变得复杂，难以理解。为了展示
这一点，图 10-1 是一个应用程序的子系统设计，它展示了适当
的细节。

除了图 10-1 中的图表外，系统架构还应详细阐述每个子系
统的功能职责，并提供一个初步包含各子系统内模块或类的清
单。这份清单将在后续的详细设计和构建阶段得到进一步完善。

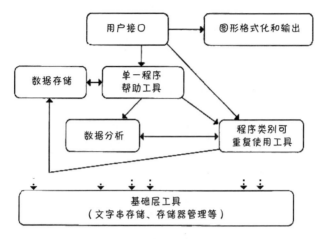

图 10-1 子系统架构图示例。大多数架构有 5 到 9 个顶级
子系统。好的架构在子系统之间有较少的交互

架构设计还应明确规定不同子系统间允许的通信方式。在图 10-1 中，仅有特定的几个子系统间允许进行通信。在图 10-2 中，如果不设立明确的交互规则，子系统之间可能会出现大量无序的通信，这违背了最小化复杂性的目标。好的架构应该将子系统之间的通信保持在最低限度。

通常情况下，标准软件开发工具无法自动限制子系统间的通信。因此，在审查详细设计和代码时，遵守架构指南应成为一个重要的考虑因素。注意，一些开发人员可能没有在严格遵守系统架构指南的项目中工作过，他们有时可能会对架构规定的编程限制感到不满。

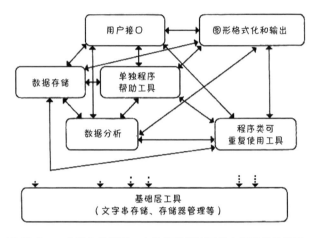

图 10-2　一个架构的示例，它没有限制子系统之间通信的规则。没有通信限制，系统架构变得非常复杂无法控制

一旦明白架构旨在降低系统复杂性的目标，就很容易理解为什么架构师需要密切关注软件应该包含什么以及不应该包含什么了。

10.2.4　表示法

大型项目应采用标准表示法，例如，统一建模语言（UML）。较小的项目则只需要求每个人都了解图表的含义，并且把图表放在公共场所供大家查看。

在项目进入后期的详细设计阶段时，开发团队可以选择继

续使用与架构设计阶段相同的建模语言，或者转向更适合详细
设计的其他表示方法。如果团队在架构设计阶段已经开始使用
UML，他们可能会决定继续使用它；或者，也可以选择使用伪
代码来具体描述程序的设计。选择哪种表示方法并不是最关键
的，最重要的是团队需要在架构设计阶段对此达成共识，以保
持项目的一致性。

10.2.5 适应场景变化与调整策略

架构设计的一个关键是识别出哪些部分最有可能发生变
更。软件开发的后期意外变更，尤其是在设计定稿和实施过程
中的变更，往往对项目影响最大。如果处理不当，即使项目之
前进展顺利，这些变更也可能导致项目陷入困境。因此，架构
文档应当指出最有可能发生的变更情况，并简要说明如何应对
变更。需求的不稳定性是常见的变更来源之一，因此架构应该
列出最不稳定的需求。

另一个常见的问题来源是支持技术的变化，比如开发人员
可能发现他们长期依赖的类库的供应商突然倒闭了。项目应尽
量避免对单一技术供应商（例如特定的编译器或硬件平台）的
过度依赖。如果这种依赖不可避免，那么在架构中应包括相应
的防范措施，以确保在依赖的技术不再可用时，开发团队能够
迅速采取应对措施。

在处理变更场景时，架构团队应当详细描述大约 80%的潜

在场景，这可以作为准备工作的基准。架构团队无法预测到所有可能的变化，因此一旦覆盖了主要的 80%场景，就应该制定策略以应对其他未预见的变化。

10.2.6　分析可重用性，决定购买还是自己动手写

架构设计的重点是确定哪些组件要从商业渠道购买，哪些组件要重用内部软件模块，以及哪些组件需要从零开始编写。

关于重用的决策对软件设计的其余部分具有重要影响，因此应在架构阶段作出明确的决策。例如，如果决定在商业应用程序框架上构建应用，那么软件的其他部分将需要围绕这个框架设计。考虑重用的另一个理由是，重用策略会对成本和进度产生重大影响。购买现成组件或重用现有软件是缩短开发时间和降低成本的有效方法。

架构团队在考虑重用时，不仅要考虑源代码的重用，还要考虑数据、详细设计、测试用例、计划、文档甚至架构组件的重用。所有这些资源都有重用的可能。

10.2.7　常用功能领域的策略

除了系统组织问题，架构还要关注几个对具体实现有较大影响的设计策略。架构应该涉及下面这些最常见的功能领域。

- 外部软件接口：软件是否需要与其他软件通信？采用什么样的程序调用协议？哪些数据结构会通过接口传

递，它们的结构是什么样的？

- 用户界面：如何将用户界面与系统的其他部分隔离，以便界面的更改不至于对其他软件组件产生影响？

- 数据库组织：数据库的结构和内容是什么样的？

- 数据存储：如何存储非数据库数据？使用什么文件格式？主要数据结构是什么？

- 关键算法：软件的关键算法是什么？它们是否已明确定义，还是说定义新算法是项目任务的一部分？

- 内存管理：如何为不同的程序组件分配内存？

- 字符串存储：如何存储和检索文本字符串，例如错误消息等？

- 并行性和线程：软件是否支持多线程？如果是，如何处理并发性、重入及相关问题？

- 安全性：软件是否需要在安全的环境中运行？如果是这样，软件的设计将受到什么影响？

- 本地化：软件是否支持多语言和文化环境？如何处理不同的文本字符串、字符集以及页面方向（比如从右到左）？

- 网络：软件如何支持网络上的多用户操作？

- 可移植性：软件如何在多个环境中运行（例如，在 UNIX 和 Microsoft Windows NT 中）？

- 编程语言：架构是允许软件以任何编程语言实现，还是需要以特定语言实现软件？

● 错误处理：架构是否包含协调一致的错误处理策略？

10.2.8 需求的可追溯性

架构团队应该创建一个"需求可追踪矩阵"，后者类似于第 9 章描述的测试用例覆盖矩阵。

虽然创建这种矩阵通常是一项复杂且可能令人头疼的任务，尤其是如果团队在认为架构设计已完成后，突然发现有些子系统不满足特定的需求。然而，能在架构阶段发现并解决这些不符合要求的问题，实际上是值得庆幸的。因为，如果等到软件开发或系统测试阶段才发现并修正这些问题，成本可能增加 50 倍到 200 倍。

> 如果认为问题不可避免，那么越早发现问题，就越能减少损失，因为项目的上游和下游阶段对成本的影响是不同的。

在需求开发期间，项目团队应该编写一个功能领域的清单，标注出那些存在实现风险的功能领域。这是因为团队对这些功能是否能够实现还没有把握。一旦架构设计确定，清单上的绝大部分项目都应该有明确的处理方向。架构团队需要说明如何实现这些功能，或者它们为何不可实现，或者基于其他考虑将其从列表中移除。

10.2.9　支持分阶段交付计划

项目如果采用本书介绍的方法，就必须确保软件架构支持分阶段交付计划。这意味着软件系统架构文档应明确指出，在分阶段交付计划的不同阶段系统架构如何适应分阶段开发和交付特定功能的需求。具体而言，系统架构不应完全依赖于那些只能一次性全面实现或不适合分阶段开发的子系统。相反，它应该识别系统不同部分之间的依赖关系，并按照分阶段交付计划的顺序，制定开发不同部分的计划。

在架构阶段，实施分阶段交付可能会遇到较大的阻力，这可能导致架构团队做出一些非优化决策。例如，为减少子系统间的依赖关系，可能需要创建临时的脚手架代码或增加额外的代码。关键问题在于，采用这种非最佳代码的目的是为了满足分阶段交付的需求。如果系统架构无法在项目结束前交付关键功能，或者其实施策略带来过高的项目失败风险，那么这种架构设计就不是最理想的。架构设计不仅要考虑系统的最终目标，还要考虑到开发过程中的动态目标。

10.3　如何判断架构已完成

确定架构团队何时完成其任务是个不小的挑战。一方面，架构团队可能在认为他们设计的架构已经足够稳定，可以被其他项目团队采用，并可以开始后续的项目任务时，认为架构阶段已经完成。这个阶段可以视作架构任务的初步结束。然而，尽管如此，架构团队仍需对设计和实现方案保持信心，同时认识到架构可能仍需根据项目进展进行调整。

另一方面，架构设计永远不可能完美无缺。由于在项目早期阶段，团队不可能预见所有设计问题，因此架构的某些部分可能需要调整和变更。

> **Algol 设计团队有一句名言："完美是优秀的天敌。"**

如果过分追求完美，结果往往会一无所获。我们应该力求以最简单、最有效的方法满足需求，而不是过分追求完美。

因此，要明确并持续关注所有活动和可交付成果。在架构阶段，架构团队可能会进行一些探索性的设计尝试，有时这些尝试可能并不会产生直接的成果，但这是创新过程的一部分。

10.4　软件架构文档

完成架构设计之后，详细的架构文档应提交给变更控制委员会进行审查。随后，这份文档将被发送给委员会成员进行评审，并根据他们的反馈进行适当的调整，直到文档最终得到批准。这份软件架构文档将成为指导未来设计和开发工作的基础。在技术审核过程中保持架构的一致性极为关键，以确保项目后续阶段的工作能够遵循架构指引；若非如此，之前制定架构的所有努力可能会付诸东流。

随着项目的进展，不可避免地会需要修改架构。在发生这种情况时，应通过标准变更控制流程来管理这些调整，确保架构的变更有序且合理地进行。变更控制有助于记录修复架构缺陷的真实成本，为在下游的详细设计阶段或软件构建阶段比较修复成本提供数据支持。

生存检查清单

☺ 架构团队创建了软件架构文档。

   💣 软件系统结构文档未置于变更控制之下。

   💣 软件系统架构文档未及时更新，无法准确反映设计和构建过程中的变化。

   💣 开发人员对项目架构不够重视。

☺ 架构设计应注重简洁性，避免不必要的复杂性。

☺ 系统架构支持分阶段交付计划。

☺ 系统架构需要满足项目所有需求，并通过需求可追溯性矩阵记录架构对需求的支持。

❧ 译者有话说 ❧

本章的主题是软件架构设计。软件架构为项目提供了技术结构，好的架构可以使项目其余部分的实现变得简单。当需求开发大约完成 80% 时，建议开始架构工作。

好的架构具备下面几个特征：

1. 需要广义的描述和设计理由；

2. 解决项目问题的最佳架构考虑了概念的完整性和简洁性；

3. 架构定义了子系统和组织结构，尽量简化子系统之间的通信；

4. 支持可能的详细设计变化和技术变化；

5. 考虑架构的可重用性，要决定是否购买商业组件，或者重用已有的内部组件，还是自己打造；

6. 提供常用的标准程序功能；

7. 软件架构要能支持所有项目需求的实现；

8. 支持分阶段交付的开发周期；

9. 重视软件架构文档和审查；

10. 如何判定软件架构阶段已完成。

第 11 章　最后准备

　　最后准备阶段建立在初步规划的基础之上，并对初步规划进行了扩展。初步规划通常在需求开发和架构设计阶段之前完成。在项目的最后准备阶段，项目团队将完成初步估算，针对如何实施项目的关键功能制定一个初步的计划，并进一步完善其他的计划。

　　成功的软件项目会通过一系列活动来确保项目顺利进行。在团队明确项目需求并开始架构设计后，就能制定出比项目早期更为详细的计划。我将这个阶段称为"最后准备阶段"。在这一阶段，我们会根据需求开发过程中发生的变化对早期计划进行调整，同时利用已经明确的需求信息来进一步完善计划。

　　在本章中，我们将探讨项目团队在明确需求和完成架构设计之后需要完成的准备工作，具体如下所示：

- 　创建项目估算；
- 　制定分阶段交付计划；
- 　执行正在进行的计划活动。

　　除了上述任务，项目团队还需要在进入详细设计阶段之前，为接下来的交付阶段制定详细计划，确保每个阶段开始时的工作都得到妥善安排。这将在下一章中详细讨论。

11.1 项目估算

确定需求后，项目团队就可以对项目的工作量、成本和时间表做出有依据的估算了。在做软件估算时，需要记住下面几个重要的经验法则：

1. 尽可能准确地估算出项目预算；
2. 准确的估算是需要时间的；
3. 准确的估算需要用定量的方法，最好使用软件估算工具所支持的方法；
4. 最准确的估算离不开该软件组织既往的项目数据；
5. 随着项目的进展，需要对估算进行调整。

11.1.1 估算过程指南

高效率的团队会遵循系统化的估算过程。[①]为了提升任务执行的效率，估算过程中需要特别注意几点。

明确估算过程：这样做可以防止项目经理、高层管理人员、营销人员或客户对开发团队施加不切实际的压力，迫使团队对无法实现的工作量或时间表作出承诺。估算过程的价值在于，创建项目估算时必须遵循这一系统化过程。

---

① 可以参见作者的另一本书《软件估算的艺术》。

> 一旦所有项目相关方就估算过程达成一致，你就可以与他们理性地讨论估算的输入量（项目的功能集和资源）是否合理，而不是无休止地争论估算结果（预算和时间进度）是否准确。

估算工作应交给估算专家或拥有丰富经验的开发、质量保证和文档团队成员。精确的估算依赖于深厚的软件项目估算专业知识。如果有机会，最好利用专家的经验和知识。如果找不到专家，那么就要邀请有类似项目经验和知识丰富的团队成员来进行估算。不论是否有专家参与，都应该聆听那些最熟悉该类型任务的人（专业）的意见。

估算应该包括所有正常活动的时间：表 11-1 列出了项目估算应该有的一些常见的和不常见的活动。

有些项目只注重眼前，因而会故意略过表 11-1 中列出的许多活动。这种方法对小型项目可能有效，但对持续时间超过几周的项目（也就是任何时间长到需要本书所述计划的项目），这些活动迟早会以某种形式重新出现。由于这些活动未被纳入项目计划，所以计划（团队本应执行的事务）与实际（项目中真正发生的情况）之间的差距将不断扩大，给项目带来一个重大的风险：项目团队再也不愿意认真对待项目目标。在这种情况下，团队无法制定有效的计划、追踪进度和控制项目。

表 11-1   项目估算活动

常规活动
架构设计
详细设计
一般规划
计划每个阶段的发布
编程
测试
创建用户手册
创建安装程序
创建将数据从旧系统转换为新系统的程序
不常列出的活动
与客户或最终用户交流
向上层管理人员、客户和最终用户演示软件或软件原型
审查计划、估算、系统结构、详细设计、阶段计划、代码、测试用例等
修复在审查和测试过程发现的问题
维护修订控制系统
维护运行每日构建所需的脚本
评估变更建议的影响
解答有关质量保证的问题
解答有关文档审查的问题
支持旧项目
老虎队的参与
接受技术培训
培训软件客户服务人员
节日
假期
周末
病假

项目计划不应该默认以团队加班为前提：若项目计划一开始就建立在团队加班的基础上，那么一旦进度滞后，项目将无转圜之地。一开始就把加班纳入计划，无异于一个人未雨绸缪不足，一没带够食物，二没带够保暖的衣物，却执意冒险在大冬天徒步登山。如果足够幸运的话，可能诸事顺遂。然而，哪个聪明人会指望侥幸取得成功呢？

> 为了最大限度降低超期的风险，请在项目开始时添加更多资源，而不是制订一个强调 996 和高强度加班的计划。

使用估算软件工具做计划估算：商业估算软件可以为软件项目的估算提供一个客观的基准。好的估算工具会针对项目的特定类型和规模提供任务清单、项目角色以及详细的时间表。[①]

估算软件可以帮助消除主观偏见，并减少成本和时间进度引起的争议。例如，当项目相关方，如营销团队，因为估算结果超出预期而不愿接受初步估算时，他们可能会建议取消一些不那么重要的活动，希望这样能显著降低成本和时间预算。

在这样的情况下，估算软件可以作为公正的第三方。项目团队可以将预期的变更输入软件，软件则基于这些信息计算其对项目成本和进度的实际影响提供客观的结果。

估算应该基于已完成的项目数据：最准确的估算依据应来

---

① 可以免费下载我公司的估算软件 Construx Estimate。

自组织内部已完成项目的实际时间和资源使用情况。合理的估算流程允许估算人员利用既往项目的数据来调整他们的估算。估算人员在使用既往项目的估算数据时要格外小心，除非无法获取实际数据，否则不应依靠其他项目的估算数据进行估算。

注意开发人员不认可的估算：在有问题的项目中，我经常发现开发人员从一开始就认为项目估算不切实际。在向上层管理人员或客户提交估算之前，开发人员往往没有机会审查。如果缺乏开发人员的支持，这不仅是一个警示信号（表明项目目标可能难以达成），更可能暗示开发人员与管理层之间的冲突，这意味着项目不仅需要克服估算不准确所引起的计划偏差，团队的热情和士气还可能有严重的问题。

项目团队应该计划在项目的几个特定时间点重新估算：正如我在第 3 章中提到的那样，在早期阶段做出精确的估算从理论上来讲是不可能的。如第 7 章所述，高效率的软件组织会在项目过程中多次调整估算。采用两阶段融资方法的规划检查点审查，可以为项目管理层提供重新评估项目计划的机会。

虽然本书将关于估算的部分放在了架构设计之后，但一旦完成下面几个特定的阶段，则应重新审查预算：

- 初步的需求开发（在开发用户界面原型之后）；
- 详细的需求开发（在用户手册/需求规范完成之后）；
- 架构设计。

估算应该纳入变更控制流程：在团队完成每个阶段的估算

之后，估算应该像其他关键工作产品一样被审核，签字和确定基准。将估算纳入变更控制流程的好处是，所有相关方都必须审核和批准估算，这意味着苛刻的客户、经理或营销人员不能单方面提出他们觉得合理的建议而不考虑额外的工作量。同样，开发团队也不能随意推迟项目进度；任何对时间表的修改都必须对所有相关方可见。

11.1.2　里程碑目标

项目团队应利用更新的估算为项目的关键里程碑设定新的完成日期。随着项目的推进，这些里程碑目标将得到调整，变得更加准确。软件开发计划应明确列出下面这些大的里程碑的完成日期：

- 架构完成；
- 阶段 1 完成；
- 阶段 2 完成；
- 阶段 3 完成；
- 软件发布完成（假设只有 3 个阶段）。

除了重要的里程碑目标，软件开发计划还应该随着项目的进展而更新，以纳入下一阶段的详细里程碑目标。此时是项目的最后准备阶段，接下来的阶段是阶段 1，关于阶段 1 的细节将在下一章中描述。

11.1.3　非技术性的估算考虑

软件项目估算面临着双重挑战。首先，从技术角度来看，估算本身就是一项挑战，前一节讨论的指导原则提供了克服这些挑战的方法。其次，营销人员、管理层、客户以及其他项目相关方施加的压力，进一步增加了估算的难度。

对此，一个常见的情形是，项目团队在启动新的软件项目时，利用先进的估算工具和过往经验数据进行合理的估算。但是，某位对预算过程理解有限的高层领导看到之后，感到不满，要求将估算时间减半，理由是"时间太长"。

这种"保持项目规模不变，但期限要缩短"的要求无异于用蛮力挤压篮球使其变小。即使最理想的情况，也只能暂时把篮球挤压成不同的形状，而在最坏的情况下，篮球可能漏气，失去原有的功能，无法恢复其原有的弹性。

软件项目也可能因为被强行压缩而变形。通常，首先受影响的是项目的前期阶段。前期的压缩导致任务被推迟到项目后期，如果项目初期的开发时间被减少，可能导致缺陷增加，同时缺乏足够的时间和资源来修复这些缺陷。团队不得不投入更多资源来解决前期的错误，代价比早期修正高出很多。与挤压篮球不同，压缩软件项目的总时间往往会导致项目总体上工作量增加，而不是减少。

为了确保软件项目能够顺利推进，所有相关方都需要明白试图在不调整工作量的情况下随意改变成本和时间估算会有怎样的后果。如果你是一名高管，希望项目时间缩短一半，就不能期望团队能交付完整的软件产品。要求时间减半，就意味着项目可能只能完成一半的功能。

11.2　分阶段交付计划

按照本书推荐的方案，软件将分阶段交付，优先交付最关键的功能。图 11-1 简要介绍了分阶段交付的概念。这与图 5-2相同。

通过优先交付最关键的功能，项目能够迅速满足用户的核心需求。虽然分阶段交付实际上不会减少交付软件所需要的时间，但它确实能带来一种交付速度提升的错觉。每一轮成功的分阶段交付都实实在在地展示了项目的进展，如果以前的经验是项目似乎总是在延期，那么这种分阶段交付的做法会让你更安心。

实现成功的分阶段交付并非偶然，它依赖于坚固的架构基础、周密的管理策略和详细的技术规划。这些促进分阶段交付的工作对项目来说是一项很好的投资，因为它有助于规避一些常见的项目风险，如延期交付、软件集成失败、功能增加缓慢以及避免客户、管理层与项目团队间的冲突。

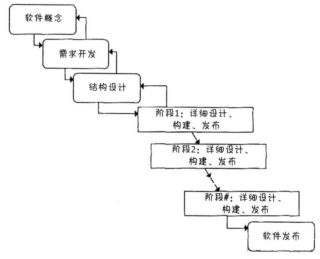

图 11-1　分阶段交付的框图。分阶段交付使得软件在需求开发和结构
　　　　设计开发后，能够分阶段地交付给客户，允许最重要的功能
　　　　在最早阶段交付

11.2.1　将项目划分为阶段

在一系列分阶段交付中，第 1 次交付的应该是软件的雏
形，为最终产品奠定基础。在随后的阶段中，项目团队需要仔
细规划并逐步引入更多功能，直到在项目的最后阶段交付完整
的软件产品。如图 11-1 所示，项目团队在每一阶段都执行一个
完整的周期——详细设计、构建和测试——并确保每个阶段结束
时都能够交付一个可工作的软件。重点在于，每个阶段交付的

功能都必须符合一定的质量标准，防止在准备最终发布时积累了太多未完成的功能。否则，这些功能在发布时很可能出现集成问题。

第一个版本的规划比较特殊，它旨在识别和修正架构中的问题，并在初始的基础架构上进行必要的构建。在第一阶段中，应避免尝试搭建过于全面的基础架构，因为这可能削弱分阶段交付在风险管理方面的优势。如果架构设计得当，那么只需提供第一阶段的功能所需要的最低限度的基础架构即可。

一个好的策略是按照重要性排序来交付软件的功能。这种方法要求团队考虑工作的优先级，把那些不必要的功能推迟到项目后期。如果能够有效地确定功能的优先级，这种方法就有望在项目早期阶段缓解未来的计划压力，因为关键功能会优先交付给用户。

11.2.2 阶段主题

设定每个阶段的主题可以避免项目团队在讨论各个具体功能时花费过多时间。一个高效的方法是为每个阶段确定一个与项目目标紧密相关的主题，让这些主题来体现团队各个阶段承诺要实现的具体愿景。

比如，开发文本处理软件的团队可能会设定这样的阶段主题：文本编辑、基础格式设置、高级格式设置、实用工具和集成。通过这种主题划分，功能的讨论可以在更宏观的层面上进行，使得团队更容易确定特定的功能属于哪个阶段，大多数功能自然会被归入相应的主题下。即使某些功能可能横跨两个主题——例如，自动列表编号既适用于高级格式设置也适用于实用工具——团队只需要从这两个主题选一个，不必过度纠结于它应该属于哪个具体阶段，这样做可以大大简化决策过程。下面的两个表格显示了基于阶段主题的分阶段交付的计划大纲。

如下表所示，使用主题方法时，团队可能无法严格按照功能的重要性进行交付。应当根据主题的重要性确定它们的优先级，并依此安排分阶段交付的顺序。

基于阶段主题的分阶段交付计划的例子		
阶段	主题	描述
阶段 1	编辑	可以用文字编辑器，包括做编辑、存储和打印
阶段 2	基本格式化	可以进行字符和基本段落格式化
阶段 3	高级的格式化	可以进行高级的格式化，包括所见即所得的页面布局和屏幕格式化工具
阶段 4	通用工具	可以用通用工具，包括拼写检查、词库、语法检查、断字、邮件合并
阶段 5	集成	完成与其他软件的集成

就像商业软件产品一样，主题发布也适用于内部软件项目。下表显示内部项目的分阶段交付计划的概要。

基于阶段主题的分阶段交付计划的例子		
阶段	**主题**	**描述**
阶段 1	数据库	计费数据库已实现，计费信息可以存在数据库中或从数据库获得
阶段 2	计费	可以打印和处理标准计费和国际计费，可以收到付款
阶段 3	网络	完成网络数据输入
阶段 4	扩展报告	完成管理总结报告和分析报告
阶段 5	自动化	可以每月自动处理

　　采用主题方法并不意味着可以缩短发布计划。字处理软件和计费系统的例子只是对每个版本的主题的概括。开发团队仍然需要准确地定义每个版本计划提供的功能。如果没有计划，就无法确定每个分阶段需要交付的预期结果，也就丧失了这种方法在跟踪项目方面的优势。

11.2.3　与分阶段交付相似的计划

　　一些项目可能会采用按百分比划分进度的方法，比如计划交付 80%、90% 和 100% 完成的软件版本。但是，如果不列出每个阶段具体包含哪些内容，单纯的百分比将不足以指导详细的分阶段发布计划。尽管如此，如果这些百分比划分的目标能够像主题那样详细定义，百分比方法也是可行的。但它不如基于主题的分阶段交付清楚，无法指明每个版本包含的具体内容。

同样，将项目分成内部测试版、外部测试版和最终版的项目实际上不算是分阶段交付。这一策略实际上是希望在内部测试版时就提供一款功能齐全的软件，但因为早期质量问题，需要通过几个阶段来使软件正常运行。与真正的分阶段交付相比，这种方法的成本要高出许多，因为项目团队需要在内部测试版、外部测试版和最终发布中不断修正下游的缺陷，这些缺陷原本可以在上游以更低成本纠正。

11.2.4　发布版本

项目团队不一定要严格遵循分阶段交付模式来向客户发布每个版本。以前文提到的字处理软件项目为例，项目团队可以在第 3 阶段或第 4 阶段甚至第 5 阶段向客户发布版本。但它仍然可以使用分阶段交付来帮助跟踪进度、将内部版本提交给质量保证进行测试，并减少集成时的问题。即使是仅向内部的质量保证部门、营销团队或其他关注项目进展的人员提供这些阶段性的版本，也能有效地展示项目进展，为团队带来成就感。

向客户发布软件的频率应根据客户基数和与客户的关系紧密程度来决定。如果客户基数较小，而且主要是内部客户，那么发布流程可以比较灵活，甚至可以每周发布一次。对于有数百甚至数千个客户的大型项目，发布流程则需要更为正式，发布频率可能设置为每两三个月一次。频繁对外发布会带来额外的工作量，比如处理功能故障、撰写发布说明、进行发布前的准备工作、帮助用户安装以及提供客户支持等。另外，频繁发布不一定能有效降低项目的技术或管理风险。

每个发布阶段的软件都应达到既定的质量标准。分阶段发布的一个优点是能持续监控软件质量，防止软件在不被察觉的情况下长时间处于低质量状态。如果任一阶段发布的版本未达到预期质量，将会严重影响到最终软件质量的水平的可能性。

11.2.5　修订分阶段交付计划

就像其他关键项目成果一样，分阶段交付计划也应纳入变更管理流程，接受审查并设立基准。但这并不意味着计划在制定之后就不可以更改。随着项目的进展，团队可能会发现最初规划时未曾预见到的问题，这时就需要对计划做出适当的调整。因此，在有必要更新分阶段交付计划时，应通过正规的变更控制程序来记录这些更改。

11.3　持续进行规划活动

在最后的准备阶段，规划仍然是重点。要避免日常活动的干扰，重新审视并调整之前制定的计划。

11.3.1　风险管理

风险管理应从项目开始时就启动，并在整个项目周期内持续进行。随着项目任务变得更加明确，相关的风险也将更加清晰。现在十大风险清单应该已经多次更新，在最后的准备阶段，应继续寻找之前未能发现的风险，同时密切关注项目成本、计算资源、人力资源以及技术不确定性等问题。

本书推荐的实践方法旨在帮助项目经理控制项目中最常见和关键的风险。通过执行变更管理计划和优化软件集成流程，可以有效降低项目风险。此外，定期完善项目估算和采取分阶段交付方法也是有效的风险控制手段，尽管这些措施本身并不直接属于风险管理范畴。

11.3.2　项目愿景

项目的愿景是否仍然适用？在需求开发过程中，团队对项目有了更深刻的理解，可能发现最初的愿景已不再与项目的真实情况匹配。项目团队成员可能一致认为最初的愿景已不再适用。如果不制定并发布新的愿景，团队成员将缺乏共同的目标来指导自己的工作。因此，有必要重新审视现有的愿景声明，并在必要时进行调整，以确保它能够为即将到来的规划、架构设计、详细设计和实施阶段提供明确的指引。

11.3.3 决策机构

检查在初步规划阶段建立的决策机构是否对项目的计划和目标有清晰的理解，这包括变更控制计划和初步估算。如果决策机构对项目计划存在误解或持有异议，则应该在详细设计和实施开始前解决这些疑虑。

11.3.4 人员

最后准备阶段也是梳理人事问题并检查项目团队是否准备就绪的合适时机。评估项目团队准备状态时，可遵循以下指导原则。

- 项目团队应该士气高涨。如果士气低落，应找出原因并采取措施来提振士气。
- 不要容忍问题成员继续留在团队中。如有团队成员故意制造冲突，就要将其从团队中调离，避免对团队士气造成进一步伤害。这样做还能为引入新成员留出时间，而不影响团队的工作效率。
- 团队的组织结构应高效协作。若组织结构效率低下，应进行调整。
- 对于能力不足的团队成员，建议提供额外的培训。
- 检查软件开发计划中的空缺职位是否能招到人。如果有困难，请将其作为风险列入十大风险清单中，以引起足够的重视。

● 确保项目为员工提供一个积极健康的工作环境。项目
  应促进员工的成长，为软件组织增加价值而不是减少
  价值。如果项目在实施阶段前就消耗了大量人力资
  源，可能说明项目有问题。

11.3.5　更新软件开发计划

在项目的最后准备期间所做的任何更改都应该反映在初步
规划阶段创建的软件开发计划中。修订后的计划需要经过项目
经理、开发团队、质量保证人员和文档团队的审核和批准，并
纳入变更控制管理。

生存检查清单

☺ 在完成初步需求开发后，项目团队创建第一版估算文档。

　　◆ 估算把节假日、周末和假期等视为正常工作日。

　　◆ 开发人员对实现预算目标持怀疑态度。

☺ 在完成详细需求和架构设计后，估算得到相应的更新。

☺ 项目制定一个全面的分阶段交付计划，并为每个发布阶
  段设置了主题。

　　◆ 项目阶段的定义不够详细。

☺ 项目的风险管理、愿景、决策制定和人员计划一直保持
  最新状态。

☺ 项目的软件开发计划是最新的，团队正在按照计划开展工作。

❧ 译者有话说 ❧

　　本章的主题是在正式启动项目前的最后准备工作。项目团队应该完成的准备工作包括创建项目估算、编写分阶段交付计划、继续正在进行的其他计划活动。

1.　项目估算：遵循系统化的估算过程，使用估算软件工具，考虑里程碑目标和所有项目活动，参照已经交付项目的历史数据，最终做出比较实际合理的预算。

2.　分阶段交付计划：将项目划分为几个阶段，确定每个阶段与愿景有关的功能主题，决定发布的版本和发布的客户对象。

3.　继续正在进行的规划活动：风险管理活动，继续寻找与成本、可用资源、可用人员和不确定技术有关的风险和解决办法，更新项目愿景，更新软件开发计划。

第Ⅲ部分　阶段成功

第 12 章　阶段计划

在分阶段交付的框架下，启动每个阶段的时候，都要制定该阶段的详细行动计划。项目团队需要为每阶段拟定一个具体计划，阐述在该阶段如何进行设计、编码、技术审查、测试、集成以及其他必要的活动。制定这些计划中最耗时的是创建一系列微型里程碑，帮助团队跟踪整个阶段的进展。尽管制定里程碑需要投入大量工作，但这是值得的，因为这些里程碑不仅提升了项目进度的透明度，也有助于降低项目风险。

在分阶段交付的项目中，每个阶段本质上是一个小型项目，涵盖了从计划到设计、构建、测试直至准备发布的全过程。软件行业的朋友经常观察到，与一次性完成的大型项目相比，一系列小型项目的风险通常更低。这种分阶段交付策略实际上是将大型高风险项目拆分为多个小型低风险项目。

12.1　为什么需要制定阶段计划

过去，我的一个客户将一款软件产品的第二个版本项目拿出去招标，有两个供应商前来投标。第一家供应商承诺在 5 个月内交付产品，第二家供应商承诺在 9 个月内交付产品，因为他们对项目规模表示担忧。考虑到该项目的规模需要较长的时间预算，第二家供应商建议优先处理产品需求，并提议在 3 个月内交付包含最高优先级改进的版本，6 个月内发布第二个版本，并在 9 个月内发布最终版本。他们还建议，由于用户对第二阶段提供的功能有很高的期望，最好将第一阶段的版本命名为版本 1.5 并交付给用户。评估了两家供应商的提案后，我的客户认为项目规模的风险不是什么大问题，于是选择了第一个供应商的 5 个月的计划。

这个决策最终被证明是错误的。就像第二家供应商担心的那样，项目规模成了关键的问题。被选中的供应商错过了早期的几个里程碑，延期幅度达到了 100% 到 200%。项目开展了 6 个月后，供应商重新估算了时间，将项目完成时间延长到了 9 个月。到了第 9 个月，他们又表示大概需要 12 个月才能完成。12 个月后，项目因质量问题陷入了困境，没有人相信供应商的估算了。与此同时，12 个月过去了，我的客户迟迟未能向用户交付 2.0 版本，甚至连 1.5 版本都没有完成。

估算失误是软件项目中一个常见的问题，而这个案例正是一个典型的例子。采用分阶段交付策略可以大幅度减少因估算不准确而造成的负面影响。如果我的客户事先规划了一个包含 3 个版本的分阶段计划，那么即使他们没有如期在 3 个月内收到第一个版本，也很可能会在第 4 个月收到。这样的分阶段交付计划使得我的客户能够在 4 个月时向用户推出最关键的新功能，而不是等到 12 个月过去了还没有完成开发工作，以至于无法交付任何产品。

分阶段发布要求开发团队在整个项目周期中多次专注于软

件的集成工作，确保软件能达到可发布的状态。这种做法有助于降低包括软件质量不佳、进度可见性不足以及项目计划严重滞后等多种风险。为了提倡这种做法，我们应该建立奖励机制，鼓励每个团队成员从阶段开始时就积极参与计划工作。

12.2　阶段计划介绍

在软件开发的各个阶段中，项目整体上按软件开发计划进行。为了确保每个阶段具有明确的行动指导，开始新阶段时，团队应制定一个专门的阶段性计划。完成一个阶段计划，就应该将其添加到项目的软件开发计划中。对于规模较小的项目，每个阶段计划的篇幅应控制在几页之内。

在制定阶段计划时，应该明确列出以下关键活动的里程碑、时间安排以及任务分配：

- 需求更新；
- 详细设计；
- 软件构建；
- 产生测试用例；
- 用户手册更新；
- 技术审查；
- 修正缺陷；
- 技术协调；

- 风险管理；
- 项目跟踪；
- 集成和发布；
- 阶段结束总结。

这些活动会每个阶段举行，本节将对它们进行详细介绍。

12.2.1 需求更新

在早期阶段，要实现的需求应该是项目团队在原型设计和需求开发过程中确定的。随着项目进入后期阶段，团队对正在开发的软件有了更深入的理解，同时市场条件的变化或其他因素也可能要求团队对需求进行调整。因此，在每个阶段开始时（特别是后面几个阶段开始时）应该预留一些时间来评估需求是否需要更新。

12.2.2 详细设计

开始每个新阶段之前，开发人员会进行更加详细的设计工作，确保能够支持即将开始的软件构建。如果在详细设计过程中发现架构存在缺陷，项目团队将通过变更控制程序来对架构进行必要的调整。

12.2.3 软件构建①

在完成该阶段的详细设计后，开发人员将着手编写本阶段要交付的软件。在编码过程中，团队会每天进行"每日构建"②和"冒烟测试"，以确保代码的稳定性和可靠性（这将在第 14 章中进一步解释）。详细设计的变更很容易在代码中实现，因为在大多数软件项目中，在详细设计阶段参与设计的开发人员通常也会负责编写相应的代码。

12.2.4 产生测试用例

在开发团队进行阶段性的软件构建过程中，测试团队同时

---

① 译注：每日构建，是指把一个软件项目的所有最新代码从配置库中去处理后从头进行编译、链接和运行。一般在每天下班后半夜里自动进行。其另外一个功能是验证软件中各个模块的关系是否正确，因而也有"每日集成"的说法。

② 译注：冒烟测试，是指每日构建完成后对系统的基本功能进行一个简单的测试，也称新版本验证测试，用于确认新的版本是否存在致命性 bug，确保新的 功能可以正常运行，不会影响到下一轮测试。冒烟测试据说来源于制造业，一是电路板焊接好之后，直接通上电，如果冒烟，我们就可以认为冒烟测试失败；二是用于测试管道。测试的时候，用鼓风机向管道里灌烟，如果有烟冒出管壁，就说明有缝隙。

应着手准备针对该阶段开发功能的全面测试用例集。测试用例可以与代码并行构建，是因为测试设计依赖于需求开发期间创建的详细用户界面原型，也依赖于开发人员在正式完成代码前提供给测试人员进行初步检验的代码。更多详情可参见第 14 章。

12.2.5　用户文档更新

随着软件的构建，用户手册和需求规范需要更新以反映新开发的功能。此外，还要创建帮助文件和其他类型的用户文档。

12.2.6　技术审查

设计和代码的审查是软件开发不可或缺的一部分，开发人员必须积极参与其中。这些审查应在架构完成之后尽早开始，并且阶段计划应该为这些活动留出足够的时间。

12.2.7　修正缺陷

开发人员负责修复在测试和审查过程中发现的缺陷。分阶段交付的一个关键优势在于，它要求在每个阶段结束时软件的质量必须达到发布标准，从而最大限度地降低质量风险。在某个阶段发现的缺陷必须在该阶段内修复，并通过测试和\或技术审查的验证，以确保软件的质量。

12.2.8　技术协调

项目成功需要开发人员与测试人员紧密合作，因此计划中必须预留足够的时间以促进这种合作。对于大型项目，项目经理还需要协调不同开发团队之间的工作。通常情况下，开发人员需要向技术文档编写人员解释自己的软件实现，并对后者写的文档进行审阅。如果采用本书介绍的方法，项目应该已经创建了完整的用户界面原型、用户手册和需求规范，这将减少项目协调上的工作量。

随着开发的推进，需求和用户界面的变动是在所难免的。开发人员需要有机会向测试人员和技术写作人员解释软件的变更。

12.2.9　风险管理

阶段计划应该以风险为导向。项目经理应定期审查项目的十大风险清单，检查当前的项目计划是否充分解决了这些风险。很多时候，到阶段结束时，阶段开始时识别的主要风险可能已经发生了变化，这样一来，就需要对计划进行相应的更新。每章末尾的生存检查清单提供了有警告标志的检查事项，在整个项目过程中，特别是在每个阶段结束时，都要认真地对照检查清单进行审查。

12.2.10　项目跟踪

跟踪已完成的活动在所有阶段都是主要的管理任务之一。本章的 12.3 节将详细讨论如何有效跟踪项目进展。

12.2.11　集成和发布

在每个阶段结束时，开发团队需要确保软件质量达到可发布标准。这涵盖了代码集成、缺陷修复以及软件配套和界面的调整工作，以确保软件符合发布要求。这里的"调整配套和界面"指的是确保软件安装程序正常运行，帮助文档正确关联到相应的帮助主题等。

此时，为了取得最佳商业效果，团队可以通过下面几种方式发布软件：

- 可以简单地宣布"软件已发布"，和团队一起庆祝这个阶段性的成就，并迅速进入下一阶段的工作；
- 向选定的内部或外部用户群体发布，或者同时向两者发布；
- 按常规发布给内部用户，以进行审查和收集反馈；
- 可以发布给所有内部用户或外部用户，或同时向两者发布。

决定软件的发布范围时，应该从商业而不是技术角度进行考虑。在每个阶段结束时，软件的技术质量应该都能达到足以公开发布的水平。但是，如果软件没有引入足够多的新功能，或者如果团队不愿承担管理外部版本所需要的成本和时间，那么大范围发布可能不是最好的选择。

然而，如果外部用户非常期待新的功能，并且开发团队已经根据优先级安排了发布计划，那么在软件准备就绪时向外部用户发布可能是明智的商业决策。

无论是否要发布给用户，都必须将软件提交给质量保证团队进行测试。只有得到独立项目团队验证和批准，才能公开发布，否则，贸然发布可能会给项目带来不利影响。

12.2.12　阶段结束总结

在每个阶段结束时，项目团队应该暂停当前的工作，回顾目前所取得的进展，并对过程做出必要的调整。为了提升项目未来的效率，团队需要确认哪些做法应该继续保持，哪些需要改变。每个阶段告一段落后，团队对越来越理解自己开发的软件，能够更精确地预估成本和时间。

12.3　微型里程碑

积极跟踪项目进度是每个阶段的关键管理活动。为了有效地追踪进展，每个阶段的计划都应该包括一系列详尽的里程碑或微型里程碑。项目经理可以利用这些里程碑来评估项目当前所处的状态。

微型里程碑是项目成员，尤其是开发人员，需要频繁关注的短期目标，这些目标的间隔最好尽可能短，理想情况下至少每周一次，每天一次更好。这些里程碑的完成情况有着明确的二进制评判标准——要么已完成，要么未完成，并不存在"完成 90%"这样的模糊状态。由于这些里程碑规模较小，它们有时被形象地称作"小鹅卵石"或"小石头"。

为了理解里程碑的结果为什么需要用二进制表示，请设想这样一个场景：假设你需要 100 罐油漆来粉刷房屋的外墙。你的工作每隔 30 秒就会被打断一次，而你会把当时在使用的油漆罐随意地扔到其他油漆罐旁边。在重新开始粉刷时，你总是会拿起那罐离自己最近的油漆。大约一个小时后，有人问你还剩下多少油漆。这时，你面对的是一大堆油漆罐，其中一些已经空了，一些是全满的，而大多数都只用了其中一部分。你很难估算还剩下多少油漆。

如果你用完每个罐子里的所有油漆之后再用新的，并把空罐与没动过的罐子分开，就能以 1 罐作为单位，确定 100 个油漆罐中还有多少罐油漆是满的了。这一原则同样适用于软件项目管理：通过明确地标记每项任务是已完成还是未完成，可以准确地掌握已完成的工作量和剩余的任务量。

除了提高项目跟踪的效益，微型里程碑还可以帮助团队专注于最重要的任务。如果仅依赖较长周期的里程碑，开发人员可能会在不知不觉中浪费时间，沉浸于那些看似有意义但实际上无法推动项目进展的活动。

> "一个项目为什么会推迟整整一年？这都是一天天积累下来的。"弗雷德·布鲁克斯如是说。

在使用短期里程碑时，可以迅速发现项目是否存在进度问题：一旦开始错过里程碑，就意味着项目可能已经遇到了困难。早期的警告信号让项目团队能够抢占先机，及时调整时间表或对项目计划做出必要的调整。

12.3.1　创建完整的里程碑列表

确保里程碑列表完整涵盖了软件发布所需要的各项任务，这极其重要。遗漏关键任务是估算过程中最常见的错误之一。不要依赖开发人员的记忆，或是让他们随意地在白板、便签等地方记下待办事项，而是要让他们把这些事项放入项目进度计划里。我和一位开发人员合作完成过一个项目，他说他的任务"差不多完成了"，后来又宣布他的任务"全部完成了"。在接近发布日期时，我们开始逐一计划项目的剩余工作，这时，这位开发人员突然表示他还需要大约 6 周的时间来完成"一点点项目扫尾工作"。显然，他严重低估了剩余的工作量，实际上，他完成这些工作花了 4 个月，而不是 6 周。

这种延误该不该完全归咎于开发人员？虽然开发人员确实有一部分责任，但他们的经理也应该要求他们提供更详细的进展报告，以避免这类问题。

请务必将每个任务都明确列入里程碑清单中：从详细设计、编程、代码审查、修正审查发现的缺陷、集成开发工作，到清理之前快速开发过程中产生的低质量代码，所有任务都不能放过。只有在最后一个里程碑被标记为"完成"时，整个项目才算是真正完成了。

本书提出的策略在多个方面有效地解决了遗漏任务的问题。在详细设计阶段，我们应当填补上缺失的任务，如果此时没有更新，那么在创建微型里程碑时应进行更新。

就像所有优秀的软件项目计划一样，本书的方法也预想到了项目过程中的错误在所难免。项目成功取决于项目团队如何定位自己，并且要及时发现并纠正这些错误。

12.3.2 达到预期质量水平

要对每个工作产品进行技术审查，这有助于贯彻微型里程碑实践的要求和理念。技术审查减少了开发人员过早宣称任务完成的可能性。如果一个模块被标为"完成"，就表示要接受审查，以验证工作是否真的完成了。

技术审查也有助于避免 QA 工作的积压，这是项目中常见的风险。当开发人员声称代码"已完成"，并且技术审查证明代码质量达标时，我们就能更明确地了解项目的当前进度和剩余工作量。缺乏技术审查可能会导致团队轻率地将低质量的工作标记为完成，使得缺陷堆积起来，直到项目末期才被发现。这会影响进度的可见性。即使表面上软件功能似乎已经完备，未被及时发现和修正的缺陷也将不断积累。如果这样的质量问题持续存在，最终肯定会影响软件的发布。

12.3.3　定义微型里程碑

制定微型里程碑时，项目团队需要规划一条通往下一个重要节点的路径，这条道路是基于他们从当前位置所能看到的景象来绘制的。团队在每个阶段至少应设立两个微型里程碑：

- 第 1 组里程碑的目的是完成详细设计；
- 在完成详细设计时，应该定义第 2 组里程碑，确保在阶段结束时能顺利发布软件。

虽然制定微型里程碑需要投入时间，但许多实践者都认为，在确定了里程碑之后，他们的工作就已经完成一半了。

12.3.4　小型项目的微型里程碑

小型项目的团队可能认为他们没必要设定微型里程碑，因为项目规模较小，管理需求也比较低。但是，小型项目的成本和进度超支的风险和大型项目是一样的。比如，一个计划持续一年但延期了一年的项目，看似比一个计划一个月但延期了一个月的项目更严重，但从延期的比例来看，两者实际上是相同的。微型里程碑实践所需要的努力也与项目规模成正比。无论项目大小，微型里程碑都能为项目带来同样进度可见性和质量可控性。

12.3.5　人员管理的考虑

一些开发人员可能会将微型里程碑视为微观管理。这的确是一种形式的微观管理，但值得注意的是，并不是所有微观管理都是负面的。微型里程碑正是开发人员偏好的那种微观管理类型，因为它提供了一种追踪进度的有效方式。更具体地说，微型里程碑是一种微观项目跟踪。

如果有人不够精通自己的工作，可能会认为微型里程碑是一种威胁，因为这会暴露他们对工作细节不熟悉。如果项目经理能够灵活处理这类反对意见，就能引导团队成员学会使用微型里程碑来监控项目进度。这不仅能让项目成员通过里程碑规划任务来提升自己的工作效率，还能帮助他们学会如何系统地安排工作，增强自己对工作的掌控感。

为了尽量减少不必要的干预，项目经理应该鼓励团队成员定义自己的微型里程碑。这种实践的目的并不是赋予项目经理控制每个细节的权力，团队成员只需要向项目经理报告这些细节。在此之后，项目成员应该将微型里程碑的细节输入到公开的项目计划中，让项目经理了解其进度。

项目初期是设定微型里程碑的关键时刻。就像项目管理的其他方面，在项目启动阶段实施较为严格的控制是最为方便的，随着项目的推进，对控制的需求和投入的精力通常会逐步减少。正如巴瑞·鲍伊姆和罗尼·罗斯所说的那样："先硬后软的效果优于先软后硬。"项目初期可能会遇到一些阻力，有些开发人员甚至会强烈抵制微型里程碑这通常意味着他们感到自己对项目的控制正在减弱，很难了解他们的具体工作内容和进度。如果开发人员很不愿意承担责任，那么可能需要评估一下这位开发人员真正对项目做出了多少贡献。

12.3.6　项目如果错过了微型里程碑，怎么办

如果微型里程碑计划是合理务实的，并且项目团队持续致力于这一计划，那么团队应该能够在正常的工作时间内或者通过弗格斯·奥康奈尔所说的"手术加时"，也就是在特定情况下多工作几个小时，以此来实现这些微型里程碑。

错过微型里程碑是一种早期警示信号，暗示整个项目可能无法按计划完成。如果发现项目频繁错过里程碑，请不要迫使开发团队通过加班来达成里程碑，这往往适得其反，导致项目进一步延误。

如果一个开发人员已经拼尽了全力，但仍然只能通过频繁加班才跟得上里程碑计划，应该考虑调整其工作计划。这种情况往往反映出任务没有足够的缓冲时间，而任何被低估的工作

量都会增加项目的风险，甚至可能导致计划彻底失败。

开发人员需要有充裕的时间，以免匆忙之下做出考虑不周的决定，因为这样的决策只会导致项目的总时间延长。巧干加苦干是可以的，但不动脑子的埋头苦干是不可取的。

微型里程碑未能按时完成时，有几种处理方法：可以调整计划，确保开发人员能在正常的 8 小时工作日内完成任务。为此，可以将开发人员微型里程碑的剩余天数乘以一个时间调整系数，然后将结果加到原定的总里程碑计划天数上。也可以裁减软件的功能集，消除干扰，让开发人员能更专注于工作。另外，考虑将项目的某些部分重新分配给其他可以轻松完成里程碑任务的开发人员，或者采取其他纠正措施。

12.4　阶段计划和管理风格

并非所有项目经理都会赞同本章提出的管理方法。一些人可能更倾向于一种更宽松的管理风格，认为自己不需要深入了解项目的每一个操作细节，比如分阶段交付、跟踪细节进度、定期评估风险或者在出现变化时调整计划等。

在对比积极参与和放手式管理这两种风格时，需要清楚地认识到，放手式管理可以是让团队成员自主做决策，也可能意味着对项目进展漠不关心。虽然让团队自我管理通常是更好的选择，但合格的项目领导必须大致了解团队的需求。

完全采用放手式项目管理往往会导致项目失败，因为这种管理方式可能导致项目成本增加 50 到 200 倍。在这种情况下，项目可能直到软件预定发布的前夕才会意识到关键的时间节点无法达成，或者可能一直都忽略了重要风险，在想要解决时已经为时太晚。对项目缺乏适当的参与和监控可能会让原本可能成功的项目以失败告终。

　　有效的软件项目管理依赖于周密的规划实施。一些最成功的策略要求团队不仅勤奋工作，还需要能够有效降低风险、增加项目的透明度以及实施进度控制。采用微型里程碑进行精确的阶段规划是达成这些目标的关键方法之一。

生存检查清单

☺ 每个阶段开始时都应制定详尽的计划，为后续活动做好充分准备。

☺ 阶段计划应包含需求审查、详细设计、编码、代码审查、测试用例的编写、用户文档的更新、阶段性缺陷的修复、技术协调、集成与发布、风险管理、项目跟踪等关键活动。

☺ 项目团队需要制定一系列微型里程碑来辅助跟踪整个阶段的进度。

💣 微型里程碑列表没有覆盖所有活动。

💣 该项目实际上并没有针对微型里程碑列表进行跟踪。

☺ 项目经理采用了积极介入的项目管理方法。

☙ 译者有话说 ❧

本章的主题是为特定的某个阶段制定单独的详细行动计划。

1. 每个阶段实际上是一个微型的项目：阶段计划需要包括需求更新、详细设计、软件构建、测试用例、用户手册更新、技术审查、修正缺陷、技术协调、风险管理、项目跟踪、集成和发布等。

2. 每个阶段的微型里程碑：为了便于跟踪进度，创建完整的微型里程碑列表，里程碑只有两种状态100%完成或者没完成，确保质量和报告的准确性。也要管理好微型里程碑的人员问题。要考虑到计划进度有可能失败，要对所有预算进度进行调整。

3. 项目经理的管理风格：作者建议项目经理放手让团队自己管理，但需要定性了解项目中具体人员的需求。

第 13 章　详细设计

　　每个阶段的详细设计活动本质上是架构设计的延伸，目的是在详细设计层面上解决相似的问题。详细设计的工作量取决于项目的规模和开发人员的专业经验。审查详细设计将显著提升软件的质量和成本效益。在项目的初期阶段，详细设计包括验证系统架构质量等特定任务。

　　在进行某个阶段的详细设计时，开发者会专注于该阶段需要交付的系统各部分的具体内容。架构设计合理的话，开发者可以无需担心后续开发部分，放心地进行细节设计。他们可以确信，只要遵循系统架构，详细设计就能与后续工作兼容。

13.1　重新审查架构

　　在详细设计过程中，开发团队将进一步深入到软件架构阶段初步探索过的设计领域中。

13.1.1　程序组织

　　在架构阶段，设计人员主要关注系统层面的程序组织结构。然而到了详细设计阶段，关注点则转移到程序在类和子程序层面的组织结构上。

13.1.2 分析重用

在详细设计阶段，开发人员将进一步探索重用现有组件和商业组件的可能性，但这次的研究将更加深入，聚焦于单个类和例程的重用，而不是整个应用程序框架或子系统级别的库的重用。

13.1.3 需求的解决方案

正如第 8 章中提到的那样，项目团队有时会在需求时期留下一些悬而未决的问题。但是，影响该阶段发布的任何需求都必须在详细设计阶段解决。如果目前无法解决这些需求问题，可以考虑将其推迟到后续阶段的详细设计中解决。但是，项目负责人应该意识到，在当前阶段优柔寡断的话，会导致未来工作量加大和进度延误。

13.1.4 需求的可追溯性

与架构阶段一样，详细设计阶段也需要确保所有相关需求得到妥善管理。这个过程有时被称为"需求的逐级传递"，因为需求的定义从需求开发阶段转到架构设计，再到详细设计，最后到代码编写和测试用例的创建。在这一阶段，确保需求的可追溯性是项目成功的关键。本章后续部分将进一步阐述。

13.1.5　软件构建计划

开发人员应该为给定阶段的软件构建制定全面的构建计划和微型里程碑清单。如果经过详细设计阶段，开发人员表示他们无法制定出全面的构建计划，你需要高度重视，因为这是一个重要的警告信号。这可能意味着开发人员的详细设计工作不够透彻。开发人员需要继续研究详细的设计，直到他们能够为软件构建制定微型里程碑。

13.1.6　修正架构中的缺陷

即便审查人员对架构设计十分满意，详细设计阶段仍然可能暴露出一些架构上的缺陷。开发人员可能会遇到需要补充的设计遗漏、需要解决的不一致，以及需要去除的多余组件。详细设计的第一阶段尤其容易发现这些问题，因为它紧接在架构设计之后。随着开发团队对架构越发熟悉，他们将更清楚地认识到其优缺点，从而在后续的详细设计阶段做出更成熟的决策。

13.1.7　项目需要做多少详细设计

设计的工作量和工作形式取决于两个因素：项目开发人员的专业经验和项目的难易程度。图 13-1 说明了这一点。

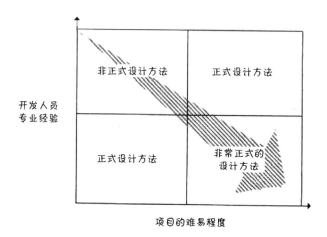

开发人员
专业经验

项目的难易程度

图 13-1 详细设计流程的正式程度、项目难易程度和开发人员专业经验
之间的关系。经验不足的开发人员加上难度更大的项目需要
更正式的详细设计

如图 13-1 所示，对于拥有经验丰富的开发专家且项目规模
较小的情况（预计软件开发需要一到两个月时间），详细设计
过程可以采取较为灵活的方式，允许设计和软件开发并行进
行。在这种情况下，开发人员可以将设计活动和构建活动结合
到一起。

当项目缺乏有经验的开发人员并且难度较高时（例如，软
件开发预计将超过几个月、团队对采用的技术不熟悉，软件对
可靠性有高要求，或者团队在探索全新的应用领域），项目团

队应采取更为正式的设计方法，系统的每个部分在构建前都需要经过详细设计和审查。在这种情况下，系统的每个类都应有相应的模块图，每个函数都需要有详细的文字描述。除了一些较为简单的函数，所有函数都应以伪代码的形式写，并在实际编码前进行审查。

在中型项目中，有经验的开发人员应当承担更复杂的任务，经验较少的开发人员则可以处理一些较简单的。无论项目的具体情况如何，都需要有比较正规的设计流程。我宁愿选择过于正规而犯错，也不愿因不够正规而出错，原因有几个。

一个原因是，对自己不熟悉的开发人员进行专业知识评估可能相当困难。我曾为一位客户提供咨询服务，他们聘请了一位声称有 5 年面向对象开发经验的所谓"专家"来带他们第一个重要的面向对象项目。这位专家的简历给人留下了深刻的印象，差不多可以给人一种他能创造奇迹的印象。当我们完成需求分析并准备转入设计阶段时，项目经理邀请这位专家来主持设计会议，期望他能帮助团队完成面向对象设计的初步工作。

对于这个请求，专家回答道："这个环节总是让我的客户感到不安，因为我实在不知道如何阐述我的工作方式，我只知道，它总能奏效。"显然，这是一个很明显的信号，事实证明，尽管他声称拥有多年经验，但实际上对面向对象设计知之甚少。他不过是团队中的一员，他所谓的经验可能只是读过一些杂志上的某些文章罢了。

在比较正规的项目运作模式下，即便团队遇到问题，也能依靠既定的流程和标准来制定出有效的设计方案。采取正规流程中的步骤确实会带来一些额外的成本，比如，除了编码，还需要绘制设计图、编写伪代码、进行详细设计的审查等。

如果在没有正规流程支持的情况下犯错，团队可能会在一个质量低且容易出错的设计的基础上进行构建和测试。这最终会导致项目后期需要大量返工，由此影响到项目的进度和预算。

> 明智的做法是投入精力、资源和时间到那些采用更多正规设计流程的项目，而不是设计流程较为随意的项目。

成功的项目总在寻找机会通过小额投资来大幅度地降低项目风险，而一种经典（且有效）的方法就是为设计活动增加正式流程。你可能质疑为实施这种流程而额外付出更多努力是否值得？至少，这样的流程会产出有价值的文档，后者不仅对将来可能进行系统维护的团队有用，对当前的开发团队也是一种帮助。

13.2 技术审查

当软件组件的设计完成后，设计就被提交给审查小组进行评估。审查过程中，每位小组成员将独立评估该设计，随后，小组将召开会议来讨论他们的想法。

高效率的审查团队通常由两到三名成员组成，不包括设计的原作者。众多软件工程研究表明，不同的审查者往往能发现不同类型的问题，因此至少需要两名审查人员来确保不遗漏重大缺陷。当参与审查的人数超过三人时，虽然可能会发现更多问题，但审查效率会明显下降。

在如开审查会议之前，每个审查人员都应该独立阅读审查材料，这个过程通常能够揭示出大部分潜在的缺陷。如果项目团队只能在独立审查和举行审查会议之间择其一，就应该选择取消审查会议，让审查人员将他们的调查结果单独反馈给设计人员。

审查材料的理想数量因组织而异。在经过多次审查活动后，项目团队将逐渐能够确定每次审查的最佳材料数量。作为起点，审查人员应尝试在一次会议上审查一个类、几个子程序或不超过大约 100 行的伪代码。审查时间设置得过短，将导致需要频繁开会；审查时间太长则会让审查人员超负荷工作而影响审查质量。

13.2.1 检测功能缺陷

在审查会议期间，应审查每个详细设计组件的以下特性：

- 正确性：设计是否会按照预期工作？

- **完整性**：设计是否能满足所有预期的目的？
- **可理解性**：其他人是否可以轻松地理解设计？

设计的复杂性与潜在错误的数量成正比，因此应尽可能保持设计的简洁性，以减少开发初期可能出现的错误。此外，设计的可理解性不仅在开发的早期阶段至关重要。软件维护领域的研究显示，维护工作中理解原始代码所需的时间远远超过修正代码所需要的时间。考虑到一个程序可能会由十代或更多的维护人员进行维护，因此在设计审查阶段花时间提高设计的可理解性是极其有价值的。

13.2.2　检测需求缺陷

在审查过程中，应审查设计和需求的可追溯性，确保所有关键需求都得到了满足。同时，还需要检查是否有多余的组件，这些组件可能不满足任何需求。

13.2.3　缺失需求

检查是否有遗漏的需求至关重要。如果在设计阶段遗漏了某个需求，可能需要在项目后期对系统进行重大修改，导致实现该需求的成本显著增加。

13.2.4　不需要的功能

识别不在需求范围内的功能也很关键，因为这类不必要的功能会导致项目的成本和时间迅速增加。添加少量额外功能看似无关紧要，但哪怕是添加用户看不到的一个小功能，也可能引发以下一种或多种负面影响：

- 额外的编程、测试和调试时间；
- 增加复杂性，使系统本身更容易出错；
- 需要更多的系统测试用例；
- 检测和修正缺陷的工作量增加，还要在缺陷跟踪系统中跟踪这些缺陷；
- 需要更新用户手册；
- 额外的用户支持培训；
- 需要为用户提供更多电子邮件和电话支持；
- 未来版本需要支持的功能增加。

我曾经审查过一个执行复杂分析功能的程序设计。涉及的分析操作本质上非常复杂，并且这个程序是全球首创，即便是最基本的设计和实现，也是一个巨大的挑战。

项目团队认为，如果系统的各个组件能够"异步"交互，会在技术上显得很酷。但是，让程序的两个异步部分进行协调处理相当复杂。把这种复杂性应用到整个程序的数百个环节，这种"酷"（但不必要）的功能可能会使原本就复杂的系统的实施工作量增加 50%到 100%。对于这个系统的付费用户来说，异步功能基本上是隐形的。我相信，如果客户能选择，他们绝对不会同意为这个功能支付高出 50%到 100%的额外费用。

除了导致成本增加，不必要的代码还可能给软件带来灾难性的影响。例如，1996 年阿丽亚娜 5 型运载火箭的首次发射，因为一些不必要的校准代码出了问题而失败的。这段代码原本用于在之前的型号中，但在阿丽亚娜 5 型运载火箭中并没有移除。

详细设计过程可能会导致项目成本减半或加倍，软件的可靠性也可能相应降低或者提高。这取决于开发团队是坚持不懈地在寻找简化软件设计的方法，还是一味地追求功能强大、结构复杂或技术上新颖的设计。考虑到对整个项目的影响，很少有哪个非刚需功能可以酷到值得付出高昂成本的地步。

> 由于技术审查能够捕捉并消除过于昂贵的和不可靠的功能实现，所以推行它能取得事半功倍的效果。

13.2.5 审查项目目标

设计审查是一个让开发人员讨论如何设计和实现项目目标的机会。如果项目的目标是以最低成本交付软件，审查过程中通常能提出有助于降低实施成本的改进建议。如果项目目标涉及最终产品的适应性、可移植性或其他特质，审查过程也能帮助发现实现这些目标的更优方法。

在详细设计阶段，项目早期定义的愿景将变得至关重要。明确的愿景能为设计审查提供指导，使软件朝着目标前进。唯有清晰的愿景，才能通过设计审查真正推动软件的改进。

13.2.6　交叉培训

设计审查的优点是，它提供了一种预防措施，以免关键开发者发生意外（比如被满载啤酒的大卡车撞到）而导致项目陷入困境。通过审查，至少两位或更多的审查人员会对工作有所了解，能够在必要时接替手。虽然有人猝然离世令人悲痛，但项目不会因此停摆。设计审查还能防范某些关键人物极难相处但我们又不得不依赖他的情况。可以将审查视为一种"防混蛋险"[①]。

---

① 这是一个非正式的说法，通常用在保险或风险管理的语境中，指采取措施来预防或减少由于不诚实、不道德或恶意行为带来的风险。相关的措施可能包括背景调查、合同条款、监控系统或其他任何可以防止不正当行为的机制。旨在保护个人或组织免受不诚实或不道德行为影响的策略和措施，都可以认为是一种"防混蛋险"。

13.2.7 审查和生产力

在设计阶段进行缺陷检测能够节约大量成本。研究表明，大约 60%的缺陷是在设计阶段产生的，因此项目团队应当努力在设计阶段就消除这些缺陷。如果项目团队在详细设计阶段不重视缺陷检测，那么缺陷的检测和修正都会被推迟到项目后期，然而到那时，修复缺陷的成本和时间消耗会显著增加。

技术审查可以在开发的早期阶段进行，有研究证明，技术审查（特别是针对用户需求进行的随机检查）可以节省计划时间的 10%到 30%。一项针对大型项目的研究甚至发现，每投入一小时的审查时间，可以避免长达 33 小时的维护工作，这意味着审查的效率比测试高 20 倍。

13.3 详细设计文档

开发人员应该为每个程序组件创建一份详细设计文档。根据项目规模的不同，这些文档可以覆盖单个的类、一组类或整个子系统。对于本书讨论的中等规模项目，为每个子系统编制一份详细设计文档是较为理想的。

这些文档不必过于正式。它们可以是活页设计图集、设计图与伪代码的组合，或者是包含介绍、设计图、伪代码、需求追溯矩阵和其他相关资料的小型文档库，具体的形式取决于项目的正式程度。

　　无论详细设计的形式如何，每个详细设计文档在相应的设计通过审查后，都应置于变更控制之下。像需求、架构和编码标准这样的工作产品往往很少更新，因为对它们的更改可能会对成本和时间产生重大影响，因此变更控制流程应尽量地减少这些变更。相比之下，更新比较频繁的其他工作产品，比如源代码，则应该有更灵活的变更控制流程。在子系统级别撰写的详细设计文档在项目的整个周期中可能会经历多次更新，以体现各个阶段的优化。这类文档的变更控制应接近于源代码的变更控制，而不是像上游工作产品那样的严格变更控制。

13.4　项目第一阶段的特殊考虑

　　项目第一阶段的一些特殊考虑可以用来指导设计活动。在规模较小的项目或涉及经验丰富开发人员的项目中，架构设计有时会延伸至第一阶段。对于中型到大型项目，架构应在分阶段开发之前完成，但第一阶段仍然需要评估系统架构的可行性和潜在风险。

　　为了有效地探索系统架构的风险，需要理解系统在"水平"与"垂直"逻辑划分之间的区别。例如，假设有一个能生成 5 种图形的分析系统。你可以定义每种图形集，并可以编辑、打印、保存和检索它们。系统的"水平"划分意味着探索这 5 种图形共有的功能，例如，这种逻辑划分可能会探索这 5 种图形的打印功能的基本版本。"垂直"逻辑划分则是深入探索单一图形的全套功能，包括编辑、打印、保存和检索等，以全面理解该图形的处理流程。

如果项目面临较高的技术风险（比如项目在使用前沿技术、开发团队不熟悉开发工具，或两者兼有），那么第一阶段应该专注于系统的垂直分割。这将使团队能够运用深入探索每项技术，并验证它们在架构层面的兼容性。如果项目的技术风险较低（也就是在较为熟悉的环境中使用熟悉的工具），则需要确保团队在第一阶段建立的系统能够访问和探索与子系统之间的所有的重要接口和交互。在大多数情况下，第一阶段的实现应覆盖系统功能的 80%宽度和 20%深度。

开发团队应该优先处理系统中最具挑战性的。虽然不必全部都完成，但至少要揭示所有重大风险，并确保有详细的计划来应对每个风险。

生存检查清单：详细设计

☺ 项目团队为每个子系统创建了详细设计文档，使系统结构的研究深入到细节，并将详细设计文档纳入变更控制流程。

●☹ 详细设计未经审查或审查不够深入。

　　💣☀☹　详细设计文档未涵盖需求可追溯性。

☺　详细设计工作的正式程度与项目规模和开发人员的经验
　　相匹配。

　　💣☀☹　项目采用非正式详细设计方法，并且经常出现错误。

☺　详细设计的审查重点在于发现功能缺陷和需求不匹配的
　　情况，找到更好的办法来实现项目的目标。

☺　项目第一阶段的详细设计审查揭示架构中有潜在的问题。

❦ 译者有话说 ❧

　　本章的重点是详细设计。每个阶段的详细设计活动都是对架构设计工作的扩展，它涉及的是类和例程等。本章强调了下面几点。

1.　重新审查软件架构：审查程序，研究软件重新使用的可能性，解决需求功能的实现方案，产生详尽的软件构建计划。

2.　设计的详细程度：技术难度大并且开发人员经验不足的项目，需要更正式、更详细的设计。

3.　技术审查：软件组件设计好后要通过审查，包括检测需求和功能的缺陷。

4.　详细设计文档的具体要求。

5.　项目第一阶段的特殊考虑：项目最重要的功能应该在这个阶段发布给用户。

第 14 章　软件构建

　　软件构建阶段令人激动，开发团队在这个阶段将软件从设计变为现实。由于之前的工作进展顺利，构建阶段和谐而忙碌，开发人员通过每日构建和初步功能测试来稳步扩展系统功能。在构建期间，成功的项目团队会坚持不懈地寻找简化软件开发和变更控制的方法。项目经理通过监控关键进度指标——包括小型里程碑、缺陷、大的风险和系统状态——来确保项目按计划推进。

　　在构建阶段，开发人员编写源代码并将其编译成可执行程序，为软件注入功能。他们会填补详细设计阶段留下的空缺，编写源代码和单元测试，进行调试，并将代码集成进项目的主构建中。

　　进展顺利的项目会在构建期间稳步添加新功能，使项目持续进步。随着开发人员各司其职和相互协作，逐渐形成一个高效、充满活力的工作环境。新功能不断增加，管理层和用户对系统的信心也在逐步提升。

　　软件构建阶段不仅是软件项目中最令人振奋的阶段，同时也可能最具挑战性。本章将介绍如何使软件构建过程既高效又充满乐趣。

14.1　源代码质量

最初构建软件的方式会对系统整个生命周期的成本产生深远的影响。为了将软件从鲁布·戈德堡机器[①]那样难以理解的复杂系统转变为一个精巧、正确且信息丰富的程序，持续采用精巧的编码技巧是关键。这些精巧的技巧必须在开始编写代码时就加以应用，否则，想要在后期重新审查并改进成千上万个复杂的细节几乎是不可能的。而这些细节正是决定程序是否可扩展和易于维护的因素。

14.1.1　编程标准

制定编码标准是将软件打造成一个精致程序而不是复杂装置的关键。编码标准的目标是使得整个程序看起来像是由同一种材料制成的整体，而不是由各种材料胡乱拼凑而成。随着项目的进行，源代码的统一外观和风格可以让开发者轻松地阅读和理解彼此的代码。当原开发者离开项目，新的开发人员接手时，如果代码遵循一致的风格，新的开发人员将更容易理解代码。

---

① 译注：漫画家鲁布·戈德堡在其作品中首创这种装置，该装置故意设计得相当复杂，以迂回曲折的方式去完成一些相当简单的任务，比如倒茶或打蛋等。

编程标准通常涉及下面几个方面：

- 类、模块、例程以及例程中代码等的布局；

- 对类、模块、例程和例程中的代码的说明；

- 变量名称；

- 函数名称，包括常见操作的名称、在类或模块中获取值和设置值；

- 允许源代码中例程的最大行数；

- 允许类中的最大例程数；

- 允许的复杂程度，包括限制使用 goto 语句、逻辑测试、循环嵌套等；

- 在代码层强制推行架构标准，例如，内存管理、错误处理、字符串存储等；

- 使用的工具和库的版本；

- 工具和库的使用协议；

- 源代码文件的命名约定；

- 为开发人员的机器、构建机器和源代码控制工具，定义源代码目录结构；

- 源代码文件内容（例如，每个文件只包含一个 C++类）；

- 表示不完整代码的方法（例如，使用 TBD 注释）。

在组织内部，大部分编码标准在不同项目间应保持一致，特别是对于使用相同编程语言的项目。主要的差异可能出现在实施每个项目特定架构策略上。

最有效的编码标准应该是简明扼要的，一般不应超过 25 页。尝试对项目的每个细节制定标准并不现实——开发人员很难记住这些标准，更别说全面遵守了。

创建编程标准可能会引发争议，但实际上，相比标准的具体内容，更为关键的是能在多大程度上遵循标准。标准的主要价值在于确保产出的源代码符合项目或公司的规范。

编程标准主要通过代码审查来执行。代码审查的首要目的是发现缺陷，其次是确保所有源代码符合项目的编程规范。

如果公司设有专门的维护团队，邀请维护团队参与代码审查会很有帮助，因为他们很关注代码的可维护性。

14.1.2　项目目标

和详细设计阶段一样，开发人员在构建期间也应该继续寻找优化项目目标的机会。软件构建阶段为开发人员提供了许多决策机会，这些决策决定着项目的发展方向是更简单还是更复杂、更强大还是更脆弱、更灵活还是更烦琐。

开发人员在构建期间将做出数千个关于软件复杂性、稳健性和性能的细节决策，这个数字一点都不夸张。例如，一个包含 75 000 行代码的中等规模程序可能包含 3 500 个子程序。平均来说，开发人员在每个子程序中都会做出几个决策，这些决策涉及如何注释代码、采用何种编程风格、错误处理方式、验证程序的正确性以及子程序的具体实现细节。一个清晰的项目愿景能够帮助确保数千个决策中的大多数与项目目标保持一致。缺乏远见会导致许多决策在没有明确目标的情况下就确定。

> 软件构建工作是在颗粒度更小的层面上完成的，改变数量如此庞大的决策无异于重新实现整个系统。实际上，如果最开始的决策有误，很可能不会有第二次机会进行更正。

14.1.3　简洁

软件构建阶段为开发人员提供了简化程序和减少复杂性的机会。很少有项目因为设计和实现得不够复杂而失败。相反，许多项目的失败是因为它们复杂到没有人能够理解的程度，而且，任何对系统的改动或扩展都可能引起意外的连锁反应，以至于基本上不可能对系统进行扩展。

14.2　软件集成流程

影响成功构建软件的一个重要因素是软件集成过程，在这一过程中，不同开发人员开发的新代码将被集成到 main build。表 14-1 列出了我推荐采用的集成流程。

表 14-1　推荐的集成流程

1.	开发人员编写了一段代码
2.	开发人员单元测试代码
3.	开发人员在交互式调试器中逐步执行每行代码，包括所有异常和错误情况
4.	开发人员将此初步代码与主要构建的私有版本集成
5.	开发人员提交代码技术审查的申请
6.	开发人员非正式地将代码转交给测试团队，测试团队开始准备测试用例，审查代码
7.	开发人员修复在审查过程中发现的任何问题。审查了修复程序
8.	开发人员将最终代码与主要构建集成在一起
9.	注明代码已"完成"

14.2.1　完成意味着彻底完成

表 14-1 建议的集成流程能为项目管理提供重要的控制优势。这一流程确保了当代码被标记为"完成"时，这个"完成"的状态是真实且可信的。因此，当进度报告显示"90%的模块已完成"时，你可以确信这些模块确实已经完成，没有遗留大量未完成的任务。

在推行这种方法时，习惯于分步完成代码的开发人员需要改变原有的工作习惯。在以往，开发人员可能只负责完成程序的一小部分，在发现他们的程序所依赖的部分尚未完成时，为了不耽误工作，他们会用快而糙的代码来实现，所依赖的功能，然后再回到原来的部分继续工作。这种实现通常存在局限性，开发者必须在主代码中添加特殊处理来绕过这些限制。如果是有条理的开发者，往往会做好标记，计划在将来某个时候回过头来清理这些快而糙的实现，修改主代码中的特殊处理。

因为这种先创建临时解决方案的程序然后再修改主代码的方式，在项目过程中会多次发生，所以开发人员最终会留下大量的"待办事项"，他们的计划是"以后再回来修正那些快速和粗糙的代码，修改主要代码的调用部分，彻底解决这些权宜之计的局限性。"这种开发方式意味着很多功能是在匆忙中创建的，为项目埋下诸多隐患，并留下难以估算的后续清理和扫尾工作。

如果遵照表 14-1 中所述的集成流程进行开发，开发人员需要高度自律，对于那些习惯于依赖部分实现策略的开发者来说，这是工作方式的重大调整。但是，在进入下一个模块之前彻底完成每个模块的做法，有助于降低风险，增强项目的可见性和控制度，因此这种实践是非常有价值的。初次采用这种集成流程的开发人员一开始可能会觉得很烦琐，但是在软件项目中，最严重的效率低下问题往往源于未能及时发现缺陷，而这种流程可以在很大程度上避免遗漏软件中存在的缺陷。

14.2.2 为其他开发人员提供稳定的基础

这个集成流程还能解决重大的质量风险以免缺陷直到项目后期才暴露出来。在一些管理不善的项目中，未达到质量标准的源代码也能被集成到主代码项目中。如果这些缺陷没有被立即发现，开发人员可能会略过，转而开始下一项任务。到了项目的尾声，集成大量低质量的代码后，问题将会暴露出来。由于各个部分的代码都达不到一个严格的质量标准，因而在尝试修复一个问题的时候往往又引入了更多新的问题。此时，项目就进入了微软所称的"无限缺陷"的模式，其中，缺陷产生的速度超过了修复的速度，如果不改变这一趋势，最终产生的软件就会缺陷不断。这种质量问题积重难返的风险已经导致数百甚至数千个项目被取消。如此看来，采用软件集成流程其实是一种通过早期小的投入来大幅降低后期风险的策略。

14.2.3 每日构建和冒烟测试

每日构建和冒烟测试是软件集成流程的两个补充实践，如表 14-2 所示。

在每日构建和冒烟测试流程中，每天都要重新构建整个程序。这意味着每个源文件都将被编译、链接并组合成一个可执行的程序。随后进行的冒烟测试是一种相对简单的测试，用于查看软件在运行时是否会"起火冒烟"或中断。冒烟测试借鉴于电气工程领域，指的是检查电器设备在首次启动时是否会短路、起火。

表 14-2 每日构建和冒烟测试流程[①]

集成更改的代码	开发人员将自己的源文件副本与项目主代码进行对比，检查最近其他开发人员所做的更改与自己即将加入的新代码是否存在冲突或不一致。之后，他们会将自己的更改合并进主代码库。这个合并过程通常由自动化的源代码管理工具来完成，如果工具检测到任何不一致，就会警告开发人员
构建并测试私有版本	开发人员构建并测试自己的版本，以确保新加入的功能可以如预期那样正常工作
执行冒烟测试	开发人员对自己的版本进行冒烟测试，以确保新增的代码没有破坏整体构建过程
检入代码	开发人员需将他们的代码从私有分支合并到主代码库中。为确保构建流程顺利进行，部分项目设定了时间窗口，只允许在特定时间段提交新代码，比如在早上 7 点到下午 5 点之间
建立每日构建程序	构建团队（或指定的构建人员）从主代码中生成完整的软件版本
运行冒烟测试	构建团队运行冒烟测试以评估构建是否足够稳定，适合进行下一步的测试
马上修复任何问题	如果构建团队在构建过程中发现了任何严重错误（即导致构建失败的错误），他们会通知检入了这段问题代码的开发人员，要求立即修复问题。及时修复构建问题是项目的首要任务

① 此表中的过程从表 14-1 推荐的集成流程中第 10 步开始，这是开发人员准备检入代码的时间点。它假定开发人员已检出需要更改的源代码文件，并且可能已经新建了文件。

团队每天都要花时间来运行每日构建和冒烟测试，与导致构建失败的开发人员进行沟通，并确保这些问题能够迅速得以解决。在小型项目中，这项任务可能由兼任其他角色的 QA 人员负责。而在大型项目中，可能需要一名专职人员或一个团队来负责管理每日构建工作。

随着软件开发的进展，冒烟测试需要不断更新，以确保能够跟上项目的进度。考虑到冒烟测试需要每天执行，通常以自动化方式进行以节省时间。虽然冒烟测试的目的并不是彻底测试所有功能，但它应该覆盖足够多的功能点，以评估软件是否稳定到足以进行后续测试的程度。如果软件稳定性不足，将无法通过冒烟测试。

每日构建和冒烟测试能有效降低一个重大的项目风险：团队成员独立开发的代码在集成时无法协同工作。这个日常实践有助于避免质量低下的风险。通过每天对整个软件进行基本测试，可以防止那些可能严重影响项目质量的问题。项目团队将软件质量提升到一个良好的状态，并致力于维持这种状态，避免软件降级到可能需要大量时间来修复的低质量状态。

每日构建还有助于监控项目进展。通过每天的系统构建，团队可以清晰地看到功能是否已经完整实现，并且技术人员和非技术人员都可以通过直接使用软件来评估它的完成度。这种每日构建和冒烟测试的实践已在各种规模的项目中成功应用，包括微软当年的大项目 Windows NT 3.0——超过 500 万行代码。每日构建和冒烟测试实践对大型的项目尤为重要，因为其集成失败的风险相当高。

14.2.4 第一阶段的特殊考虑

在第一阶段的构建期间，开发团队应该构建一个足够强大的系统框架，以支持系统的其他功能。这通常包括建立用户界面的基本架构，例如菜单和工具栏，并为将来加入的新功能预留空间。

在构建系统框架时，需要在第一阶段期间就搭建一些基础设施。基本的底层工具（比如错误处理机制、字符串处理和内存管理等）通常需要在开发其他部分之前完成。如图 14-1 所示，这意味着团队需要开发系统的 T 形部分。之所以称为 T 形，是因为它横向覆盖了用户界面的整个宽度（但所有功能都还不是完全可用的），并纵向深入到支持整个系统运行所必需的基础设施（尽管它暂时未被其他功能所调用）。

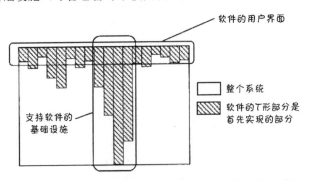

图 14-1 图中的 T 形部分是项目第一阶段所开发的系统框架。实现了系统的整个范围结构以及足够的深度来支持第一阶段的功能

14.2.5　避免过早开发基础设施

构建好 T 形框架后，立即开发一个完整且可操作的功能模块是加快项目进展的一个高效策略。在提供一些实际功能之前，最好不要开发完整的基础设施（即支持程序运行的基础框架、基类和其他底层代码）。

理论上，先完善基础设施再展示任何可见功能似乎更为高效。然而，实际情况是，如果在软件展现任何实际成就之前就投入大量时间，那么管理层、客户以及开发团队可能会开始感到焦虑。如果不考虑实际要解决的问题，基础设施的开发有可能成为一个追求完美框架的研究型项目，这样的项目通常会引入许多不必要的功能。项目团队应聚焦于当前阶段需要交付的具体功能，只构建必要的基础设施来支持这些功能。这种做法更加高效，因为它避免了过度沉溺于理论研究，并且能比只开发基础架构更快地发现潜在问题。

14.3　跟踪进度

在软件构建期间，跟踪项目进度变得尤为重要。虽然在项目早期，工作难以细分为小任务，但到了构建阶段，工作就可以细分为几天甚至更短时间就能完成的微型里程碑或任务。为了确保项目顺利进行，必须跟踪每项任务的完成状态。

14.3.1　收集状态信息

自动化工具极大简化了跟踪微型里程碑的工作。微型里程碑列表可以集成到规划工具（如 Microsoft Project）或电子表格中。然后，这个列表应该被存储在项目的版本控制系统中，并通过项目的内部网络，让团队成员能够轻松地访问。开发人员或测试人员完成里程碑时，应该从版本控制系统中检出（check out）里程碑列表，根据完成的任务更新列表，并将更新的列表检入（check in）版本控制系统中。

同样的处理方式也适用于时间核算系统。虽然一些部门仍然采用传统的方法，让团队成员填写纸质时间表，然后由管理层录入数据，但一旦习惯自动化系统，你会发现在线输入数据实际上更加高效。项目成员应该至少每周输入一次时间核算数据。如果不定期输入，他们很容易忘记自己花了多少时间而输入了不准确的信息。

14.3.2　可见性

简化计划信息和时间核算信息的收集过程对项目有极大好处，它不仅使计划资料对所有人可见，还防止了项目经理成为信息输入的瓶颈。公开信息的另一个好处是，项目团队中不同的成员可能对不同的问题感兴趣。总体而言，确保项目进展的可见性、提供匿名问题报告和反馈渠道对于项目管理和高层管理人员至关重要，因为这能让他们及时了解新出现的问题并获取解决这些问题所需要的信息。

14.3.3　每周项目跟踪更新

在构建阶段，项目经理应该每周审查一次项目状态。要审查以下几项内容：

- 从项目计划、缺陷跟踪和时间核算工具中收集到的摘要数据；
- 将完成的实际微型里程碑与计划进行比较；
- 将报告的实际缺陷与预测缺陷进行比较；
- 将实际工作量与计划工作量进行比较；
- 查看和更新十大风险清单；
- 查看通过匿名反馈报告渠道传递的任何反馈；
- 审查项目变更提案、项目变更委员会批准的变更提案，审查这些变更对项目计划的累积影响。

根据审查结果，项目经理应该在实际结果和绩效明显偏离计划或出现新的亟待解决的风险时采取措施进行恰当的纠偏。

每周的数据收集和分析不仅可以为各阶段结束时更新软件项目日志奠定基础，还可以为项目完成时编写软件项目的历史记录铺平道路。软件项目日志和软件项目历史记录分别在第 17 章和第 18 章进行详细的介绍。

14.3.4　与客户和上层管理人员沟通

在审查进度时，项目经理应定期与高层管理人员、客户、用户和其他项目相关方沟通，赢得他们对项目的信任与支持。不要等他们主动来询问项目的状况，这可能意味着他们已经对项目有了隐忧。在这种情况下，尽管项目经理或许可以打消他们的疑虑，但很难使其完全恢复对项目的信心。

项目经理应该主动及时通报项目进展，以免相关方担心。通过定期（如每周）而不是偶尔（如每月）更新项目状态，可以更有效地建立信任和透明度。主动沟通的项目经理和团队不仅能够缓解相关方的担忧，还能塑造出一个更配合、更有责任新和更值得信赖的形象。

14.4　控制变更

随着软件开始投入使用，用户和管理人员将启动变更控制过程（具体取决于软件的类型）。在这个过程中，他们可能会发现开发的软件可能与预期有所偏差。软件开发是一个动态的过程，很容易产生一些认知上的偏差。比如，某个问题是由于缺陷引起的，还是因为某个功能尚未完成而导致的？用户和管理人员往往难以使用软件来找到这个问题的答案。

在软件开发过程中识别到的一些问题确实表明软件需要进行调整或修改。随着项目的推进，来自各方的变更请求会源源不断地涌入。如果未能有效控制，无序的变更就会打乱项目的计划和预算，可能带来毁灭性的负面影响。

> 变更请求越多，认真仔细地处理变更就越重要，否则项目最后会失控。

项目变更委员会在控制变更过程中起着至关重要的作用。为了确保变更委员会能有效运作，所有项目相关方，包括高层管理、营销团队、客户以及经常提出变更请求的人员，都必须尊重其决策。在项目的早期阶段及需求确定时期就要成立变更委员会并赋予他们适当的权力，可以帮助大家适应这样的流程：提交变更请求、通知所影响的所有各方、评估所有可能的影响，最后接受变更委员会的最终决策。

若是在软件发布前三周时才开始要求团队遵循变更控制流程，显然会面临很大的阻力。如果团队觉得变更控制委员会只是为了给他们制造障碍而设立的，很难尊重委员会的决策。在项目开始时设立的变更控制委员会则不会引起这样的误解。因此，在项目启动之初，就要建立一个变更委员会。

14.5　保持专注

在这个阶段，项目经理需要确保开发人员能够专注于他们的主要任务，不受外界变更请求的干扰。这意味着项目经理希望所有变更请求都通过正式的变更控制程序提出，而不是直接交给开发团队处理，使其能够集中精力完成主要的开发任务。

14.6　软件构建是不是只有这些事儿

软件构建是软件开发过程中的关键环节。高效的软件开发管理不仅可以缩短项目时间，还能为未来几代软件的维护工作奠定坚实的基础。相反，管理不善则可能给以后的维护工作带来持久的困扰并增加成本。

然而，从软件项目生存的角度来看，当项目进入软件构建，就已经奠定了成功或失败的大部分基础。如果团队透彻地研究客户需求、详细地审查设计、创建了一个好的架构、制定分阶段的交付计划、仔细地估算项目并能有效地控制变更，那么软件构建过程就会顺利进行，不会遇到重大障碍。

> 如果项目高效完成上游阶段的关键任务，那么构建期间将能够完成大量的工作。

相比之下，管理不善的项目会在软件构建期间面临严峻的挑战。这些项目在早期阶段的进展很快，因为它们在需求分析、架构和设计方面的投入较少，往往能迅速产出工作代码。但在编写了足够多的软件代码以及测试人员和最终用户运行软件后，软件的诸多缺陷将会暴露出来。到了那时，修正这些问题的成本会变得非常高。这个一开始看似进展神速的方法实际上并不明智。由于开发资源有限，这种情况不仅会导致项目延期和成本增加，还会留下许多难以解决的缺陷，导致开发人员、测试人员、项目管理人员和客户之间产生激烈的冲突。

在管理得当的项目中，团队成员可以在上游检测到这些问题，并以较低的成本纠正缺陷。大部分在构建阶段识别出的问题都与软件开发直接相关，解决这些问题通常不需要耗费大量资源，也不会引发项目参与方之间持续的争论。

生存检查清单：软件构建

☺ 项目制定了编程标准。

☺ 对所有代码进行技术审查，以保障编程标准的实施。

☺ 项目设定了软件集成流程。

  💣☹ 开发人员不遵循该流程。

☺ 项目团队在第一阶段构建了系统的框架。

  💣☹ 项目团队在构建任何可见功能之前就开始构建完整的系统基础结构。

☺ 项目每天都会进行构建和冒烟测试。

  💣☹ 每日构建经常运行失败。

  💣☹ 冒烟测试的更新速度没有跟上每日构建的速度，且未能覆盖软件的所有功能。

☺ 项目经理每周跟踪包括微型里程碑、缺陷、变更报告、时间跟踪数据和十大风险清单在内的进度指标。

☺ 项目状态数据随时可供所有项目成员查看。

  💣☹ 没有定期向客户或高层管理人员发布状态报告。

☺ 通过变更控制委员会来控制变更。

  💣☹ 变更控制委员会在软件构建阶段才成立，这会导致委员会难以建立权威。

❧ 译者有话说 ❧

本章的重点是软件开发和构建。在这个时期开发团队将全力编写源代码，把软件设计变为可以运行的程序。如果软件构建前的活动进展顺利，系统功能会稳定增加，但也可能出现问题。

本章重点强调了下面几点。

1. 源代码质量：制定和遵守编程的标准，优化项目目标，简化程序降低复杂性。

2. 软件集成流程：每个开发人员在集成到主要构建前必须保证自己的代码质量。

3. 每日构建和冒烟测试：目的是保证代码集成的稳定性，及时发现和修复错误。

4. 跟踪进度：需要收集和公布微型里程碑的状态信息，这对项目相关方尤为重要。

5. 控制软件变更：在软件构建的过程中，要求改变软件的压力会越来越大，要尊重变更委员会的审查决定权。

第 15 章　系统测试

　　系统测试可以与软件构建阶段同步进行，也可以在构建完成后不久开始。这个阶段主要执行端到端的测试用例，旨在揭示软件的缺陷，以便开发人员能够及时进行修复。测试人员的工作是确保系统的质量始终保持在较高水平，以确保新代码的集成顺利进行。而开发人员则需要迅速处理已报告的缺陷，以支持测试人员的工作。

　　执行系统测试的目的是验证系统的端到端功能是否正常。系统测试不仅要确认软件是否满足所有需求，还要确保这些需求的实现达到了可接受的质量水平。有些项目可能会选择在项目收尾阶段进行系统测试。

　　虽然从理论上讲，本章所述的系统测试与前一章介绍的软件构建有所不同，但从时间上看，两者是相互关联的，应该同步进行。

15.1　测试的哲学

　　测试虽然是软件项目中的关键环节，但往往在开发后期才会受到重视。由于缺乏充分的前期准备，因而几乎不可能在短时间内迅速、彻底地完成测试。测试阶段往往会被压缩，导致软件在发布时仍然存在大量未被发现的缺陷。如图 15-1 所示，传统项目几乎完全依赖于测试来确保质量。

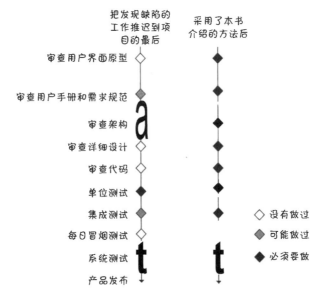

图 15-1 典型方法和本书介绍的方法在功能开发上不同

在本书介绍的方法中，系统测试的步调与开发保持一致。测试用例的开发与开发同步或者稍早一些开始。在软件的最终形态直到开发完成前都无法确定的项目中，这种测试策略可能行不通。然而，按照本书的方法，测试人员将拥有与实际用户界面原型完全一致的原型和一份详细的用户手册/需求说明书，这将有助于他们开发测试用例。此外，当软件提交进行代码审查时，测试人员也能得到软件的非正式版本。在通过代码审查后不久，测试用例就应该准备就绪了。

虽然系统测试与软件同步开发，但它在质量保证方面的作用并不显著（相较于将 QA 工作推迟到末期的项目，往往在项目结束时突然发现质量问题成了一个大问题）。任何特定功能进入系统测试前都已经通过了多个审查阶段，包括用户界面原型、用户手册和需求规范、软件架构、详细设计和代码。开发人员会进行单元测试和集成测试，软件也都通过了每日冒烟测试。这样的程序不会遗留太多未被检测的缺陷，因此系统测试的重要性并不是很突出。

15.2　系统测试范围

系统测试的目标是全面检验系统的功能，确保每项需求都得到了满足，每行代码都能如期运行，没有错误。

对于那些分阶段交付的项目，每个阶段的系统测试都应该引入新的测试用例，这些用例专门用来验证该阶段实现的功能需求。此外，还需要执行回归测试，即重新检验之前阶段实现的功能，确保新增的代码不会对已有的功能产生破坏性的影响。

15.3　测试组对每日构建的支持

测试团队通常每天进行一次冒烟测试，确认每日构建是否适合进行更深入的系统测试。冒烟测试是一种快速检查，通常耗时半小时或更短，用以评估构建的稳定性。如果通不过冒烟测试，测试团队会将软件退回给开发团队，让他们进行修复。

15.4　开发人员对系统测试的支持

开发团队的任务是迅速响应测试过程中发现的问题并进行修复，以免测试进度因等待修复而受到影响。每周的项目跟踪报告应包括未解决缺陷数量的图表，此数字应保持在较低水平。为了保证软件质量，可以要求开发人员将未解决的缺陷数量控制在 10 个以下，也可以根据项目实际情况设定其他合理的数字。

这种做法有助于防止开发人员在存在大量未解决的缺陷时编写新的功能。有时，开发人员可能会拒绝修复检测到的缺陷，因为他们认为这会分散自己的注意力，影响自己完成本职工作的效率。然而，这种观点不可取。开发人员可能没有意识到，错误代码不仅降低了测试人员的效率，也影响了其他开发人员的工作。其他开发人员可能会花大量时间研究自己写的代码为何出错，最终却发现问题其实是由于其他人代码中的已知缺陷。

重复诊断已经报告的问题纯粹是浪费时间。如果是几个小时前报告的新问题，重复诊断在一定程度上可以理解。但如果是已经报告了几天的缺陷，就必须要避免这种时间上的浪费。因此，为了减少重复诊断相同问题的情况，应当及时修复缺陷。

15.5 QA 策略

系统测试的目的不仅是修复具体缺陷，而且是通过这些修复活动提高软件质量的战略方法。通常，大约 80% 的系统错误集中在大约 20% 的代码中。一些软件工程研究显示，那些产生大量系统错误的代码部分在系统的总成本中占有较高的比例。

利用缺陷跟踪系统，我们可以定位那些产生大多数系统错误的例程。引发超过 10 个错误的任何例程都应成为重点研究对象。对于这些例程，我们需要进行补救性的设计审查，确保它们达到预定的标准，并在必要时对问题最严重的部分进行重构或重写。

在典型的项目中，大约 80%的时间用于处理计划外的返工。然而，通过实施少数几次战略性返工，我们能显著提升软件质量和项目的整体生产效率。

生存检查清单：系统测试

☺ 系统测试已准备就绪，可以与软件构建同步进行。

☺ 测试人员对每日构建进行冒烟测试，并在构建失败时将该构建回退到开发团队。

●☀☹ 由于开发人员没有充分测试自己的代码，导致构建经常无法通过冒烟测试。

☀☹ 开发人员在收到缺陷报告后没有及时进行修正。

☺ 在测试过程识别出容易出错的例程，让开发人员检查，然后视情况重新设计或重新实现该例程。

☙ 译者有话说 ❧

本章的重点是项目的系统测试。这种测试覆盖从系统端到端的运行，用以验证项目所承诺的每个需求，并及时修正发现的系统层面缺陷。

本章虽然没有具体讨论如何设计和运行系统测试，但深入探讨了测试的哲学基础。本书介绍的管理流程包含多个质量控制环节，因此在系统测试阶段，软件产品通常已经相当稳定。然而，大多数项目直到项目结束时才开始重视质量，这导致在系统测试阶段必然会遇到许多错误。在分阶段发布流程中，每个阶段都应增加和更新系统测试用例。系统测试应在每日构建和冒烟测试通过之后执行。开发人员需要尽早排除系统测试中发现的错误和软件缺陷。由于80%的系统错误可能源自20%的子程序，因而识别这些有问题的子程序并进行修正或重写至关重要。

第 16 章　软件发布

确保软件在每个开发阶段结束时达到可发布的质量标准至关重要。这个做法能显著降低软件集成失败或质量不达标的风险。然而，评估软件是否真正达到发布标准可能会是一个挑战。幸运的是，有一些简单的统计方法可以辅助我们制定这一决策。由于发布阶段通常是最为繁忙的时期，采用一个详尽的发布清单可以帮助避免遗漏重要步骤。

随着项目接近每个阶段的结束，项目团队需要锚定可发布状态，无论是象征性地还是正式地。确保软件达到可发布状态至关重要。这意味着团队需要努力将缺陷数量减少到公众可接受的水平，解决影响软件功能性和完整性的关键问题，并根据软件的当前功能更新相关文档，如用户手册。

16.1　认真对待发布

在件开发过程中，同步进行一个阶段的发布准备和下一个阶段的详细设计通常是一个明智的策略。在那些忽略设计和代码审查的项目中，开发团队在准备发布时经常需要应对大量的缺陷修复任务。对于始终注重 QA 的项目，开发人员在发布阶段会比较清闲，并且更倾向于投入到下一阶段的开发工作中。

开发人员往往不太重视与发布相关的工作，相比解决老问题，他们更喜欢探索新的领域。

> 在每个阶段结束时，整个项目团队的首要任务是推动软件达到开发，使其达到可发布状态。

为了实现成功的分阶段交付，我们需要将软件提升至可发布的质量水平，并持续进行额外的 QA 和细致的开发工作。这种做法有助于揭示潜伏的、不易察觉的问题，增加项目状态的透明度。如果特定阶段的发布阶段被拖延数周或数月，并且项目团队的大部分人员已经进入下一阶段，项目的实际状况将很难判断。

定期确保软件达到可发布的质量标准也是预防潜在质量问题的关键。如果没有定期将软件质量提升至可发布水平，软件质量可能会逐渐下滑，甚至达到无法挽回的地步。

我负责审查过一个项目，开发团队原本打算分阶段发布软件。然而，在第一阶段即将结束时，他们认为没有足够的时间将软件完善到可发布的水平，于是直接进入了第二阶段的开发。在我的团队对该项目进行审查后，我们发现项目实际进度已落后于计划数月。这主要是因为开发团队被卷入了一个无休止的循环：测试、调试、修复、再次测试，每次修复一个问题似乎又会引出另一个问题。

问题的根源在于大量积重难返的低质量代码。当开发人员添加新的代码时，很难辨别问题是由新引入的代码造成的还是原有那些低质量代码造成的。这极大增加了调试的难度和修复错误的可能性。为了解决这一问题，团队不得不决定停止开发新的功能，转而优先修复现有的缺陷。这个策略虽然是必要的，但导致项目进度比原计划延迟了一个月。

在第一阶段结束时，开发人员表示他们"没有时间"使软件达到发布的所有标准，并直接进入了第二阶段，这是他们做出的成本最高的决策之一。该决策导致项目进度进一步远远落后于原计划。如果他们按照原计划行事，在第一阶段结束时提高软件的质量，那么后续的测试、调试和修复工作将有望得到显著减少。

即使在准备发布的时期，开发人员也可以开始下一阶段的详细设计工作，但他们必须随时准备放下手中的设计工作，全力以赴地纠正当前阶段检测到的缺陷。

16.2　何时发布

软件的发布时机通常是一个复杂的话题。人们往往很纠结：是尽快推出尚未完全达到理想质量标准的产品，还是推迟发布时间以确保软件质量？"软件是否已经足够好，可以立即发布？"以及"软件何时能满足发布标准？"这样的问题对公司的成败至关重要。幸运的是，有几种策略和工具可以辅助我们更有信心地做出这些重要的决策，而不是依赖直觉来做出判断。

16.2.1 缺陷计数

从最基本的层面看,缺陷计数是一种用于量化评估项目团队在软件发布前需要完成的工作量的有效手段。为了更好地管理剩余的缺陷,我们可以根据优先级对其进行分类,例如,"2个致命缺陷,8个严重缺陷,147个界面缺陷"等。

通过比较每周新出现的缺陷数量与每周解决的缺陷数量,可以评估项目的完成度。如果在某一周中,新发现的缺陷数量超过了被解决的缺陷数量,那就意味着项目离完成还有一段距离。图 16-1 显示了跟踪缺陷状态的"活动缺陷"图表。

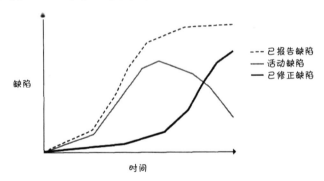

图 16-1　活动缺陷图表,用于强调控制缺陷是优先事项,
督促团队把控潜在的质量问题

如果质量管理有方,并且正在稳步推进目标,那么在项目中期之后,活动缺陷的数量通常会呈下降趋势,并维持在较低

水平。当"已修正缺陷"曲线位于"活动缺陷"曲线上方时，对项目团队来说是一个重要的里程碑，因为这标志着修复缺陷的速度已经超过了新缺陷的产生速度。

如果项目的质量得不到控制，导致开发进度停滞不前，活动缺陷的数量可能会持续增长。这表明在引入更多新的功能之前，需要先采取行动来改善现有设计和代码的质量。

16.2.2　统计每个缺陷的工作量

通过统计不同类型缺陷的平均修复时间，可以为评估当前项目和预测未来项目中剩余缺陷的修复工作量提供数据支持。利用收集到的数据，可以在项目中期做出这样的估算："项目有 230 个活动缺陷，开发人员修正一个缺陷平均需要 3 个小时，因此项目大约需要 700 个小时来修正剩余的缺陷。"

检测和纠正缺陷的阶段数据也可以用于度量开发过程的效率。如果能在发现阶段纠正 95%的缺陷，就说明项目流程非常高效。而如果 95%的缺陷在 1 个或多个阶段后才被纠正，说明项目流程还有很大的改进空间。

16.2.3　缺陷密度预测

要想判断程序是否准备好发布，最简单的一个方法是测量其缺陷密度，即每千行代码（KLOC）的缺陷数量。以软件 GigaTron 1.0 为例，假设它由 100 000 行代码构成，在发布前，

QA 团队发现了 650 个缺陷，发布后又报告了 50 个缺陷。因此，该软件的总缺陷数为 700 个缺陷，缺陷密度为每千行代码（KLOC）7 个缺陷。

再假设 GigaTron 2.0 包含 50 000 个额外的代码行，QA 团队在发布前检测到了 400 个缺陷，发布后又发现了 75 个缺陷。因此，该版本发布时的总缺陷数为 475 个。计算其缺陷密度，即 475 个缺陷除以新增的 50 000 行代码，得出每个 KLOC 有 9.5 个缺陷。

现在，假设我们想要确定 GigaTron 3.0 是否准备好发布了。它包含 100 000 行新代码，QA 团队目前已经检测到 600 个缺陷，即每千行代码（KLOC）有 6 个缺陷。除非有充分的证据证明开发过程在这个项目中得到了改进，否则根据历史数据，每 KLOC 的缺陷数量应在 7 到 10 个之间。项目团队应该尝试查找的缺陷数量取决于你的质量目标。如果我们希望在发布前处理掉 95% 的缺陷，那么团队在发布前还需要找出 650 到 950 个缺陷。因此，从这些分析来看，它尚未做好发布准备。

历史项目的数据越多，就越能准确预测发布前的缺陷密度目标。例如，如果我们只有两个项目的数据，其每千行代码（KLOC）的缺陷数量分别介于 7 到 10 个之间，那么尝试预测第三个项目的缺陷密度将面临较大的不确定性。但是，如果我们分析了 10 个项目的数据，发现它们平均每千行代码有 7.4 个缺陷，且标准差仅为 0.4 个，这样的数据就能为我们提供非常有价值的参考。

16.2.4　缺陷集

一种简单的缺陷预测方法是将缺陷报告分成两个部分，分别称之为 A 和 B。测试团队会分别追踪这两个集中的缺陷情况。这两个集之间的区别基本上是随意的。你可以简单地把测试团队分成两部分，一半负责 A 的缺陷报告，另一半负责 B。具体如何划分并不重要，重要的是两个集都能独立运作，并全面地测试软件的所有功能。

安装了 A 和 B 之后，测试团队将追踪 A 和 B 分别报告的缺陷数量，以及——这是关键——同时出现在 A 和 B 中的缺陷数量。独特缺陷的总数是通过以下方式计算的：

缺陷$_{总的不重复的数量}$ = 缺陷$_A$ + 缺陷$_B$ - 缺陷$_{A\&B}$

缺陷集方法预测的总缺陷数可以使用下面这个简单的公式来估算：

缺陷$_{总数}$ =（缺陷$_A$ * 缺陷$_B$）/缺陷$_{A\&B}$

如果 GigaTron 3.0 项目在 A 中有 400 个缺陷，B 中有 350 个缺陷，并且两者有 150 个共同的缺陷，如图 16-2 所示，检测到的总的独特缺陷数量将为 400 + 350 - 150 = 600，总缺陷的近似数量为（400 * 350）/ 150 = 933。这表明仍有大约 333 个待检测的缺陷（约为总缺陷的三分之一）。这个结果指出，对于这个项目，QA 工作还有很长的路要走。

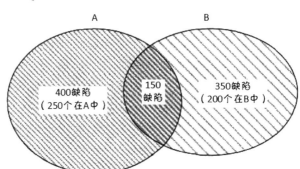

**图 16-2 缺陷分组。总的缺陷数量可以
从两个单独集的重叠部分估算出来**

　　实施缺陷集方法需要大量的资源，包括管理两套独立的缺陷跟踪列表，并确定两个列表中共同的缺陷。此外，这还要求两组测试人员分别完整地覆盖软件的测试，考虑到所需要的资源和成本，这种方法比较适合那些在发布前需要准确估算剩余缺陷数量的大型项目。

16.2.5 缺陷播种

　　如图 16-3 所示，缺陷播种方法借鉴了一种成熟的统计技巧，该技巧通过从种群中提取样本来估算种群的数量。举个例子，为了估算池塘里有多少鱼，生物学家可能会捕获一定数量的鱼，对它们进行标记，然后放回池塘。之后，他们再捕一批鱼，并通过计算有标记的鱼和没有标记的鱼的比例来估算池塘里鱼的总数量。

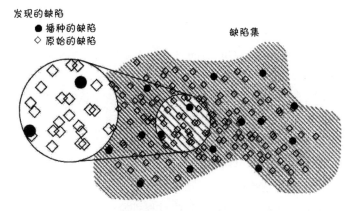

图 16-3　缺陷播种。根据发现的缺陷和原始
缺陷的比例估算出缺陷的总数目

缺陷播种指的是一组人故意在程序中植入一定数量的已知缺陷（种子），然后另一组人尝试发现这些种子缺陷。通过对比发现的种子缺陷数与原先植入的缺陷总数，我们可以估算出软件中实际存在的缺陷总数。

假设对于 GigaTron 3.0，开发团队播种了 50 个错误。为了最大化这一策略的效果，这些错误覆盖软件的各个功能区域，并包含各种级别的错误，范围从导致系统崩溃的严重错误到界面使用性问题等。

假设在项目的某个阶段，你认为测试已经接近了尾声，于是查看了种子缺陷的报告。报告显示，目前发现了 31 个种子缺陷和 600 个原始缺陷。此时，你可以使用以下公式估算缺陷总数：

缺陷$_{总数}$=（缺陷$_{人为种入的总缺陷}$/缺陷$_{发现的种入缺陷}$）*缺陷$_{目前为止发现的}$

根据这个公式，GigaTron 3.0 的总缺陷数：（50/31）*600 = 968，也就是还有近 400 个缺陷尚未检测出来。

如果测试团队依赖手动测试且无法系统化地重复测试，那么应该在测试开始之前引入缺陷。若测试团队采用自动化回归测试，开发人员几乎可以在任何时候引入缺陷，但必须确保自动化测试足够全面，以便发现所有原有的缺陷。

缺陷播种策略的一个常见问题是忘记移除种子缺陷，以及如果种子缺陷设计不当，其移除过程可能引入新的问题。为了避免这些问题，必须确保在最终的系统测试和软件发布前移除所有种子缺陷。有些项目采取的策略是编写尽可能简单的种子缺陷，如仅包含一行代码的缺陷。

16.2.6　缺陷建模

在软件缺陷方面，没有消息通常意味着大事不好。如果项目已经进入后期阶段，但报告的缺陷非常少，人们可能会过于乐观地认为"我们终于成功了，我们打造出了一个几乎没有缺陷的程序！"实际上，这多半是因为测试不充分，而非开发水平高超。

一些更复杂的软件项目估算和控制工具，例如具备缺陷建模功能的，能够预测项目各个阶段应发现的缺陷数量。通过将实际检测到的缺陷数量与预测数量进行比较，可以判断项目是否在有效地揭露缺陷，或者是否需要快马加鞭，加快测试流程以更快地识别出潜在的问题。

16.2.7　软件发布决定

如果遵循本书中描述的实践，你将拥有足够多可靠的信息来判断软件是否已经准备就绪，可以进行发布。这包括但不限于以下几个信息来源：

- 代码增长统计和图形（参见图 5-6）；
- 微型里程碑的二进制完成状态的详细列表；
- 缺陷跟踪系统中的原始缺陷列表；
- 累积缺陷统计和图形（参见图 16-1）；
- 每个缺陷的工作量统计；
- 缺陷密度预测；
- 缺陷集；
- 缺陷播种；
- 缺陷建模。

通过综合评估所有的"准备发布"指标，得到的结论比依赖单一指标更为可靠。以 GigaTron 3.0 项目为例，根据缺陷密度，我们预计项目的缺陷总数应该在 700 到 1 000 个之间。为了在发布前达到 95%的缺陷解决率，团队需要解决 650 到 950 个缺陷。如果团队目前只发现了 600 个缺陷，单纯依赖缺陷密度数据可能误以为软件接近准备就绪状态。然而，基于缺陷集的分析预测显示，GigaTron 3.0 可能大约有 933 个缺陷。对比这两种分析结果，我们应该预期总缺陷数接近缺陷密度的上限。缺陷播种技术同样预测总缺陷数为 900 个左右，这进一步指出 GigaTron 3.0 的总缺陷数可能较高，因此项目应该继续做测试。

16.2.8　缺陷跟踪和宣传

公布本节中讨论的状态和质量信息有助于保持项目按计划进行。项目团队应该在项目内部的公共区域内发布缺陷摘要信息，比如在项目休息区、项目经理的办公室门上或项目内网上。

16.3　发布清单

即便是最优秀的项目团队，在阶段结束时也容易遗漏一些事项。人们急于完成任务，可能早早地认为工作已经完成而忽略一些明显的细节。

在早期软件职业生涯中，我在一家保险咨询公司担任项目经理，负责为客户开发保费报价程序。按照今天的标准，这些程序非常简单，每个程序的开发时间大约只需要 3 个月，而且大多数项目的开发时间都很短。即便如此，我们也遇到了软件发布中最常见的问题之一：忘记在向客户发布软件前完成某些任务！这个教训促使我们创建了一个发布检查清单，其中包括以下事项：

- 在将软件发送给客户之前，制作备份；
- 列出接收程序的所有人员以及寄给他们多少副本；
- 将邮资贴在寄给客户的包裹上。

根据这个检查清单，你或许能猜到我们犯下的错误是忘记保留寄给客户的程序的副本，导致无法复现客户报告的问题。我们有时也不清楚哪些客户收到了哪些程序，有一次甚至还忘记在寄给客户的包裹贴上邮票。

虽然更复杂的应用程序需要更精细化的发布过程，但所有发布过程的核心都是一份必须在软件发布前完成的清单。这份清单列出了许多容易被忽略（或之前忘记）的任务。简单程序的发布清单可能仅包含几项任务，至于极其复杂的软件（如 Microsoft Windows 95），其清单中包含的任务可能超过 200 项。

表 16-1 展示了一个中等规模软件产品向公众发布前需要检查的项目清单。清单的重点不在于测试——如果到这一步才开始考虑测试，那就太迟了。它主要聚焦于我们赶着向客户发布软件时最容易忽略的事项。

表 16-1　发布清单的样本

活动类型	负责人
开发活动	
更新带有最终版本信息的版本字符串	开发人员
从软件中删除调试和测试代码	开发人员
从软件中删除播种的缺陷	开发人员
QA 活动	
检查当前缺陷列表中的所有缺陷是否已经解决	测试人员
冒烟测试和回归测试过的最终构建版本	测试人员
在干净的机器上用安装盘安装程序	测试人员
在干净的机器上用软盘安装程序	测试人员
在新机器上从网上安装程序	测试人员
在具有磁盘与旧版程序的机器上从安装盘或软盘安装程序（升级安装）	测试人员
验证安装程序是否创建了正确的 Windows 注册表项（请参阅附件列表）	测试人员
验证在干净的机器上卸载	测试人员
发布活动	
冻结最终发布的文件列表	发布团队
同步所有发布文件的日期和时间戳	发布团队
准备最终程序磁盘（"母盘"）	发布团队
验证母盘上是否存在最终版本的所有文件	发布团队
病毒扫描全部发布的媒介	发布团队
表面扫描主媒介是否有坏扇区	发布团队
创建构建环境的备份并将开发环境置于变更控制之下	发布团队
文档活动	
验证母盘上读取文件的版本	文档团队
验证母盘上帮助文件的版本	文档团队
其他活动	
审核版权、许可证和其他法律材料	产品经理和法律顾问

当项目团队向内部用户发布软件时，虽然具体的发布清单可能略有差异，基本策略却是相同的：清单应涵盖在迅速推出新版本时绝不能遗漏的关键发布活动。项目团队应该为临时版本和最终版本分别准备一份发布清单。尽管具体条目可能有所区别，但很多要点是相通的。

16.4　批准发布签字

除了发布清单，大多数公司还会要求所有项目相关方在书面上签字同意发布软件。在向公众发布软件时，建立审核流程的检查点至关重要，因为这可以防止未经充分审核的软件被匆忙推向市场。优秀的公司会要求软件在发布之前必须获得 QA 团队的批准。一些有开发背景的项目负责人可能会轻视 QA 的重要性，然而，QA 在预防严重问题发生方面发挥着不可或缺的作用。例如，如果团队发布质量低劣的软件，可能会导致客户支持的成本大幅上升，甚至在极端情况下，还可能导致公司面临法律责任。因此，我建议在软件发布之前要求 QA 团队的签字确认，并且不应该迫使 QA 团队签字，直到软件质量真正达到标准。

有些人担心 QA 团队会过度强调 QA 的作用，坚持修复每一个缺陷，不惜为之推迟软件的发布时间，而这就是我在第 9 章对可度量发布标准进行说明的原因。如果项目设置了可度量的发布标准，例如"95%的严重级别 1 和 2 的缺陷已被修复"，QA 团队的任务实质上就变成了验证软件是否符合几个月前项目各方共同确定的标准。

除了 QA 团队，通常还需要其他利益相关方的批准才能发布新软件。表 16-2 列出了有代表性的利益相关方名单。

表 16-2 发布签署表样本

产品标识
程序名称
程序版本
项目代码名称
同意签字
我确定该软件为发布做好了准备：
子系统 1 的项目负责人
子系统 2 的项目负责人
……
子系统 n 的项目负责人
项目经理
产品经理
QA 经理
文档经理
国际版项目经理
售后支持经理
营销经理
法律顾问

虽然使用发布清单和批准发布签字不能保证发布过程完美无缺，但不采用这些措施无疑会提高遇到问题的可能性。发布清单简单易用，容易更新，能明确指示软件是准备好发布还是需要"撤回"。

生存检查清单：软件发布

☺　项目团队将阶段末尾的发布视为首要任务。

☺　采用多种统计技术来帮助做出发布决策。

　　💣☹ 只用一种统计技术。

☺　项目团队使用发布清单来防止软件发布期间出现疏漏。

☺　项目团队使用发布批准签字环节来确保所有项目相关方一致认为软件已经准备就绪，可以发布。

❦ 译者有话说 ❦

　　本章的重点是项目的软件发布，它可以是阶段性的发布或是最后阶段的软件产品发布。是否可以发布软件是一个难以回答的问题，不过有些技术可以帮助你更有信心做出决定。

　　本章介绍了几种有效的统计方法：

　　1. 缺陷计数；

　　2. 统计每个缺陷的工作量；

　　3. 缺陷密度预测；

　　4. 缺陷集；

　　5. 缺陷播种；

　　6. 缺陷建模；

　　7. 发布决策。

　　软件发布有很多工作要做，拟定和更新发布工作清单是最有效的跟踪方法，在清单上列出发布的活动及负责人。发布前，需要所有项目相关方签字批准。

第 17 章　阶段结束

每个阶段结束时，是项目团队吸取经验教训并重新审视计划的绝佳机会。随着项目的推进，估算的准确性将逐渐提高，为下一阶段的计划奠定坚实的基础。此外，我们应该将这些项目经验记入软件项目日志，让未来的项目能够受益。

分阶段交付提供了一种灵活的交付策略，特别关注以下两个方面。

- 这些阶段可以预先确定，这意味着与一次性交付相比，分阶段交付能更早向用户交付最关键的软件功能。

- 在每个阶段结束时，都有机会对下一阶段的内容进行重新定义。这种灵活性让项目团队既能及时交付最关键的功能，又能在每个阶段结束后根据需要调整后续阶段的安排。

分阶段结束时为项目团队提供了一个理想的时机，用于汇总经验、调整策略并为下一步工作铺平道路。相较于在项目结束时一次性交付软件，分阶段交付让项目团队能更快地积累经验和专业知识。

17.1　举行变更委员会大型会议

软件发布后，是进行集体讨论和考虑功能变更提案的好时机。整个项目团队在软件发布阶段一直都在紧锣密鼓地工作，现在应该把节奏放缓，并花上一两天的时间全面考虑所有变更建议。可以组织一次全面的变更审议会议，评估在这个阶段中搁置下来的变更提案。除了负责变更审议的委员会成员，其他项目成员应避免受到源源不断的功能变更请求的打扰。如果不限制审查变更的次数，项目成员可能每隔几天就要对变更影响进行评估，而这些频繁的小任务会严重分散团队的注意力。然而，缺陷修复例外，它应该贯穿整个软件发布周期。

由于变更建议已经完成分类，等阶段结束再进行功能变更评估可以更好地确定变更的优先顺序。如果变更委员会每周评估一次变更，那么没有新的变更提案那一周，委员会成员可能会批准一些次要的变更。虽然批准一些工作量小（比如为期半天）的请求看似无伤大雅，但在整个项目周期内，这些小任务累积起来可能会影响到主要的进度安排，尤其是当这些任务的实际工作量被低估而实际需要一整天来完成时。

17.2　重新校准估算

在阶段结束时，可以根据计划的进度指标来审查项目的实际进展，并调整项目的估算。这一过程涉及重新评估那些在最初制定估算时考虑过的各种因素，具体包括以下几个方面。

- 项目范围是否与最初的估算相同？如果存在差异，应根据对项目范围的最新理解来调整估算值。
- 功能集是否有变化？
- 项目所要求的性能、稳健性、适用性和完整性是否有所变化？
- 开发团队的编程效率是否达到了预期？
- 原有的估算是否遗漏了某些必要的任务？如果是，则应该将这些任务纳入估算中。

> 在项目早期，低估项目规模或高估团队能力很常见；但如果到了项目后期还没有发现并纠正这些估算错误，就需要认真审视项目管理过程，看看是谁的责任。

17.2.1　重新估算生产效率

假设项目最初计划在 6 个月内完成，第一阶段预计在 8 周内结束。如果第一阶段实际用时 10 周，开发团队应该如何重新调整项目剩余部分的预算呢？典型的调整策略如下：

1. 努力在后续阶段加快进度，弥补这两周的延误，以保持 6 个月的总预算不变；
2. 将总计划增加两个星期，创建一个时间跨度为 6.5 个月的计划；

3. 将整个计划时间乘以一个调整系数，假设为 25%，于是整个项目时间变为 7.5 个月。

第 1 种做法最常用。初始估算往往会遗漏一些任务，这是导致实际耗时超出预期的原因之一。项目成员可能误认为后续阶段不会再有类似的疏漏，他们可能会自我安慰，认为初期阶段的耗时之所以超出预期是因为那一阶段需要学习的东西比较多。他们乐观地认为，既然在这一阶段学到了很多，后续阶段肯定会进展更快。

但是，千万不能掉以轻心。软件开发本质上是一个解决问题的过程，伴随着学习曲线不断攀升的挑战，而这种挑战并不会在项目的第一阶段就结束。

在 1991 年，我对 300 多个项目进行了调查，结果发现这些项目无法弥补前期时间上的损失，往往导致进度失控。

第 2 种做法虽然看似更为合理，但由于整个计划中存在的一系列系统性问题，这种估算通常不准。例如，项目团队可能会迫于压力而做出过于乐观的假设，或者为了尽快完成项目估算而忽略了估算中的许多琐碎但必要的活动。软件团队的实际经验可能比项目早期的估算更准确。项目团队可以试着找出导致错过截止时间的根本原因（除了对生产力的误判），但这些原因往往很难在当前项目中得到纠正。

在绝大多数情况下，第 3 种做法是重新校准计划的最准确的方法：它将整个计划的时间乘以一个调整系数。这种方法比项目早期的估算更重视项目的实际经验，并且会根据实际绩效而不是预估绩效来制定绩效。

17.2.2　"重新估算"还是"失误"

在一些软件组织里，重新估算可能被误解为是一种"失误"。然而，随着开发团队对他们所开发的软件有了更深入的理解，这种计划的调整实际上必然会发生。

"重新估算"和"失误"是两个截然不同的概念。重新估算是一个计划内的事件，理论上，在项目的早期阶段做出准确的估算是不可能的。在项目计划的预定时间节点进行重新估算实际上是开发团队成熟的标志。

另一方面，失误指的是未能达到预定的里程碑，可能表明管理层没有充分支持开发团队的工作。或者团队缺乏完成任务所需的技能。失误通常不可预测，常常是因为未能按计划完成关键任务或达到重要里程碑。

> 如果项目参与者一开始就不理解调整计划的重要性，可能会错误地将开发团队对估算的任何修正都解读为失误。

因此，要确保所有项目利益相关者从项目一开始就明白：在一个健康、成功的项目中，开发团队需要在项目的预定时间节点优化估算。

17.3　根据项目计划评估绩效

相较于项目计划，团队的表现如何？在整个阶段中，项目团队是否严格遵循了项目计划所规定的流程？他们是否进行了技术审查，遵循了集成流程，遵守了变更控制计划，跟踪了时间数据以及其他方面的计划要求？如果偏离了计划，是由于计划本身不切实际，还是团队执行力不强？

> 软件项目管理最常见的问题之一就是团队既不坚持执行项目计划，又不提出创新的替代方案。

开发团队可能因多种原因偏离计划。然而，采纳本书推荐的策略，团队将更有可能坚持原计划，原因如下。

- 计划是公开的。在某些项目中，团队未能遵循计划的原因可能是他们根本就没有看到计划。
- 计划是可信的。开发团队参与了计划的制定，应该相信计划是切实可行的。
- 计划是人性化的。这些计划展现了对整个项目过程、任务和活动的深思熟虑，旨在尽量减少加班的需求，而不是诱导团队成员进行无偿加班。
- 计划需要不断更新以与项目的实际情况紧密关联，避免因脱离实际而变得难以执行。

坚持执行计划。如果发现计划无法实施，就应当进行调整。项目失控的一个明显信号是团队放弃了原计划，却未能制订新的替代计划。

17.4　项目文件归档

每个阶段结束时，都应该保存用于创建软件的整个环境。开发团队需要能够重新创建旧版本的软件，如果旧版本的项目组件无法使用，将无法完成版本存档任务。项目至少应该保存以下材料：

- 发布包的副本，包括光盘或软盘、纸质版的用户手册、附属材料和包装；
- 源代码；
- 软件发布时的数据库或数据文件；
- 创建软件的数据文件；
- 为项目使用而专门开发的工具；
- 商业案例；
- 包含在软件中的图形资源、视频资源、声音资源和其他资源；
- 用于产生软件的编译器、链接器、资源编译器和其他工具；
- 用于帮助文件和其他文档的源文本文件；
- 构建脚本；
- 测试脚本；
- 测试数据。

　　将这些材料的副本和项目文档保存在一起，另一份副本则存储在安全的场外设施中。已纳入变更控制流程的工作文档、电子表格、项目计划和其他材料也应与生成它们的其他版本的工具（比如字处理软件、电子表格软件、项目管理软件等）保存到一起。

　　阶段结束时的归档活动不能替代常规的备份程序。不经常备份软件，无异于辛辛苦苦经营一家便利店却把收到的现金直接摆在柜台上，辛苦得来的成果很容易招致意外损失或人为的故意破坏。

17.5　更新软件项目日志

　　高绩效的软件组织在项目进行过程中会搜集信息，并利用这些宝贵的经验教训指导未来的项目。团队应在每个项目阶段完成时收集这些信息，以便对项目进行全面回顾或者说复盘，这不仅包括最终时间和预算统计，还包括项目进展实时信息。

　　项目日志是记录这些信息的关键工具。项目经理需要在每个阶段的结束时更新项目日志，确保反映项目的最新状态。表 17-1 显示了软件项目日志的内容概要。

　　收集表 17-1 中列出的材料并相应地更新软件项目日志，同时确保变更控制系统中的日志也得到更新。像所有其他项目计划文档一样，这份文档在整个项目过程中向所有相关人员开放。

更新软件项目日志花不了多长时间——如果所有项目跟踪材料都保持最新状态，这个过程则只需要一两个小时，但回报相当可观，因为它为未来的项目规划和当前项目的后续阶段打下了坚实的基础。

表 17-1 软件项目日志内容

对当前项目的进度和工作量的估算
对变更委员会在阶段期间批准的时间表和工作量进行调整
阶段期间做出主要决定的日期、背景和结果
每个阶段的主要可交付成果的计划日期与实际日期的差距
在阶段中进行的技术审查的结果（审查通过或未通过的决定以及缺陷统计信息）
时间核算数据
代码行数
缺陷统计
建议变更的数量和批准的变更数量

生存检查清单：阶段结束

☺ 项目团队将功能变更请求留到每个阶段结束时再审查。

　🌢☹ 缺陷修复工作被推迟到每个阶段的末尾。

☺ 在每个阶段结束时，项目团队会重新估算工作量、时间进度和成本。

　🌢☹ 在调整估算时，团队只是把延期时间添加到项目末尾，而不是调整系数来重新计算整个时间表。

●※☹ 由于没有在项目开始时对利益相关方进行有关重新
估算的培训，重新估算被认为是失误而不是必要的
调整。

☺ 项目经理在每个阶段结束时更新软件项目日志，记录项
目状态。

❧ 译者有话说 ❧

　　本章的重点是介绍项目阶段性结束时的工作。一个
阶段的结束提供了调整项目的机会，使团队能够修订计
划，并从现阶段的经历中汲取教训。可以举行一次变更
委员会扩大会议，集中审查现阶段搁置的变更提案，并
做出相应的决定。通过回答几个关键问题，我们可以重
新校准项目的成本和进度估算。

　　本书介绍的项目管理体系强调目标、计划、审查和
调整，这使得对团队人员绩效的审查更加客观和准确。
此外，需要及时保存用于创建软件的整个环境以及其他
有用的资料。

第IV部分　项目完成

第 18 章 项目历史

妥善地将项目信息记录在软件项目历史文档中，能够为未来项目提供宝贵参考。利用软件项目日志中不断更新的数据，我们可以在每个阶段结束时总结普遍的经验教训。在管理有方的项目中，相关数据容易获得，使得回顾项目历史的工作变得更为简单。

软件发布后，是奖励项目团队的绝佳时机。项目负责人可以根据项目的时间跨度和规模，选择不同的奖励方式，如组织团队晚宴、安排下午休假，或提供前往夏威夷享受美好假期的机会。不论是大获成功的项目还是有所延误的项目，都提供了通过实践学习的宝贵机会，帮助我们为将来的成功打下基础。

18.1 收集项目数据

通常情况下，大多数项目团队会在项目结束时举行项目回顾会议（postmortem）①。还有些项目团队会通过搜集团队成员

---

① 译注：原意为"验尸"，是一个全面彻底的尸体检查程序，以确定死亡的原因和方式，并评估任何可能存在的疾病或损伤。通常由病理学家、法医或验尸官等专业人员执行。在敏捷开发方法中，回顾（retrospective）是一个反思过去发生的事件或生产的产品的过程。作为名词，"回顾"在医学、软件开发、流行文化和艺术中具有特定的含义。作为动词，"回顾"与"追溯"在某些情况下可以同义使用，适用于法律、标准和裁决。相关参考书籍有《回顾活动引导：24 个反模式与重构实践》，译者万学凡和张慧。

的反馈邮件来总结哪些做法行之有效，哪些需要改进。

不管采用哪种方式，都要尽早收集项目成员对于项目有效和无效做法的看法。这些信息对于项目的总结和改进至关重要，因此最好在项目完成后尽快收集。

为了获得最佳效果，建议在软件发布后的 15 天到 30 天内收集项目成员的反馈。随着时间推移，团队成员可能会逐渐忘记这些细节，使得重构或回顾项目末期的状况变得更加困难。

18.1.1　项目回顾会议

项目回顾会议，又称为"项目复盘"，是一个让团队成员坦诚分享见解的宝贵机会，这些见解对组织至关重要。在召开项目回顾会议时，应确保主持人客观公正，以免会议变成单纯的抱怨和指责。团队成员往往对那些让他们感到不满的事情记忆犹新，因而更倾向于讨论这些内容。一个公正客观的主持人能够引导大家展开全面深入的讨论，以免团队过分纠缠于单一议题。

18.1.2　项目回顾调查问卷

一些项目团队使用的项目回顾调查表包含三个部分，效果很好。第 I 部分通过打分方式评估项目的各个方面，例如项目对需求变更的控制。团队成员需要在 1 到 5 之间打分，其中 1 代表控制过于严格，5 代表过于宽松，3 代表恰到好处。这种方法不仅让团队成员能够清晰表达对项目的看法，还便于后续对反馈进行量化汇总和分析。

第 II 部分针对需要改进的领域提出具体问题，如询问团队成员对首次采用的分阶段交付方法的看法、这种方法对实现项目目标有多大帮助以及具体的改进建议。这些问题可以在项目回顾会议上进行讨论。

第 III 部分是自由评论区，用于征求团队成员的开放式评价和建议。此外，这种问卷还可以采用匿名反馈的形式，以鼓励更坦诚的反馈。与面对面讨论相比，匿名环境下的反馈往往更为真实。

18.2 软件项目历史文档

如前所述，项目历史记录被整理成文档，称为软件项目历史。出色的软件项目历史文档会收集关于项目事件的客观定量数据，并综合团队成员的个人看法和感受，明确指出哪些方面表现良好，哪些需要改进。

我们从软件项目日志中获取客观的定量信息，同时从项目回顾会议中收集团队成员的主观看法。通过整合这两部分信息，我们编制了一份全面的软件项目历史记录，如表 18-1 所示。

表 18-1　软件项目历史内容

简介
描述软件的目的、客户、愿景、详细目标和其他一般信息
历史概述
对于每个阶段，描述产生的工作产品、里程碑、主要风险、时间表、人员配备和其他项目计划信息
描述以下阶段：
- 用户界面原型设计和需求收集
- 架构设计
QA 计划
- 一般阶段计划
- 从每个阶段 1–n，从详细设计到发布的活动（包括详细设计、构建、系统测试和阶段发布）
- 最后软件发布
项目数据
描述所使用的组织结构，包括高管赞助、项目参与者、他们的角色以及他们在项目过程中的参与程度
软件项目历史还应包含以下有关项目的硬数据：
- 截至发布日期的实际时间和工作量
- 发布日期的时间记录数据
- 截至发布日期的子系统的数量
- 截至发布日期的源代码的行数
- 截至发布日期的重用代码的行数
- 媒介（声音、图形、视频等）
- 截至发布日期的缺陷数量
- 截至发布日期，提议和接受的变更数量
- 显示每个进度估算与实际进度的时间趋势图

- 显示以星期为单位的项目代码增长趋势图
- 显示以星期为单位的活动缺陷和关闭缺陷的数量变化图
获得的经验教训
描述项目中学到的经验教训
- 计划：计划有用吗？项目团队是否遵守了计划？项目人员的素质是否足够好？每个类别的人员数量是否足够？
- 需求：这些需求是否完整？它们是稳定的还是有很多变化？它们容易被理解还是被误解？
- 开发：设计、编码和单元测试是如何工作的？每日构建是如何执行的？软件集成是如何进行的？这些版本发布工作是如何进行的？
- 测试：测试计划、测试用例开发和冒烟测试开发是如何进行的？自动化测试是如何进行的？
- 新技术：新技术对成本、进度和质量有何影响？管理层和开发人员是否以同样的方式解释这些影响？

将表 18-1 中的资料整理并编入软件项目历史文档后，下一步是归档，供未来其他项目参考。

18.3 为未来项目准备项目历史结论

一个常见的问题是，在项目历史记录完成并归档后，人们很快就会将它们抛之脑后。为了确保我们能从软件项目的历史经验中获得最大的价值，建议至少采取以下两种方法来总结项目历史的教训。

- 为未来的项目制定一个计划清单。如果项目团队已经有了一个计划清单，应及时更新，以免项目历史中的主要问题再次出现。该清单应包括需要完成的事项和需要避免的问题。

- 将项目中确定的主要风险用十大风险模板列出来，下一个项目可以把它用作模板，列出初始风险。

通过将从项目历史中总结出的结论转化为实用的工具，可以确保开发团队投入的时间和精力发挥最大的价值，为未来项目的成功奠定基础。

18.4 分发软件项目历史副本

完整的软件项目历史可以帮助团队成员回顾自己的项目经历，并为他们带来成就感。因此，应该将项目历史整理成册并打印出来，分发给每位成员。

生存检查清单：项目历史

☺ 项目团队编写了一份书面形式的软件项目历史，其中汇总了关于项目的客观事实和主观评价。

●✹✘ 没有在项目完成后的 15 到 30 天内创建软件项目历史文档。

☺ 把软件项目历史的副本分发给所有项目成员。

☺ 项目历史的结论已被记录在项目计划清单和初始风险清单中，供未来的项目参考和使用。

❧ 译者有话说 ❧

　　本章集中讨论软件项目管理体系中历史数据的搜集、归纳和应用的重要性。具体而言，本章涵盖三个主要议题。

1. 收集项目数据：强调在软件发布后 15 至 30 天内召开项目总结会议，搜集项目反馈和评估，确保项目经验得到记录。

2. 编纂项目历史文档：介绍如何系统地整理项目的历史记录，包括成功的经验和遇到的挑战。

3. 提炼项目历史的教训：强调不应忽视或遗忘项目历史记录的价值。

　　本章特别强调两种极有价值的资料：一是项目计划清单，它概括了项目中需执行的任务及需避免的陷阱；二是项目风险模板，其中列出了前十大潜在的风险。总体来说，本章旨在充分利用历史资料，为未来项目的成功打下坚实的基础。

第 19 章　项目生存急救包

本章将介绍世界上最高效的软件开发组织之一——NASA（美国国家航空航天局）的软件工程实验室的成功法则。除此之外，本章还将推荐丰富的阅读材料和其他资源，供读者进一步学习和参考。

这一章将总结软件项目成功的关键要素，并提炼全书的核心信息。首先介绍 NASA 软件开发团队使用的方法，随后推荐一些值得加入个人软件项目生存工具包的资源。

19.1　NASA 成功法则

NASA（美国国家航空航天局）戈达德太空飞行中心的软件工程实验室是全球最为强大和成功的软件开发团队之一。1994年，该实验室因其杰出的生产效率和软件质量荣获 IEEE 软件过程成就奖，成为首个获此殊荣的组织。

有人可能会认为，由于 NASA 对软件可靠性的高要求，所以它的经验可能不适用于其他组织。但如果仔细思量，就会发现 SEL 遵循的方法不仅适用于几乎所有软件组织，而且是它们应当采纳的。

这些方法使 SEL 在生产效率上达到了与常规信息系统项目相当的水平，而在质量上则至少提高了 10 到 20 倍。例如，普通的信息系统项目平均需要 14 个月和 110 人月才能交付 10 万

行代码，且在交付时通常含有约 850 个缺陷。相比之下，NASA
的软件工程实验室在相同的时间和人力资源下交付的同等规模
的系统，却只有大约 50 个缺陷。

　　SEL 推荐的软件开发方法源于其在 20 多年实践中积累的经
验和教训，这套方法提炼出了 9 个确保软件项目成功的关键要
素和 8 个应避免的错误。我们将在接下来的两节里详细介绍这
套方法。

19.1.1　项目取得成功的关键

　　要想项目取得成功，必须做好下面 9 件事情。

1.　创建并遵循软件开发计划：在项目开始时，应遵循并创
　　建一份详细的软件开发计划，明确项目的目标、团队结
　　构以及所采用的软件开发方法。计划还应包含资源需求
　　估算、关键里程碑和监控进度的指标，并定期更新，尤
　　其是在每个主要的阶段或时期结束时。

2.　放权给项目人员：为开发团队成员提供高效的工作环
　　境，明确他们的职责，并赋予他们足够的权力来履行这
　　些职责，同时鼓励他们以项目愿景作为奋斗目标。

3.　最大限度地减少官僚机制：为了顺利实现项目目标，应
　　建立精简高效的管理流程，确保每次会议和每份文档都
　　有其存在的充分理由。过多的会议和文件并不保证能项
　　目成功。

4. 定义需求基准并管理基准变更：尽早确定项目需求，在
列表中记录不稳定或未定义的需求，并根据它们对成本
和时间的潜在影响来确定这些需求的优先级。尽量在架
构设计阶段或最迟在详细设计阶段之前解决这些需求
问题。

5. 定期记录项目运行和进度状况，必要时重新计划：定期
将项目的进度与项目计划进行比较，并与过去的类似项
目进行比较。如果进度明显偏离项目计划，则应调整计
划，并在重新计划时考虑减少工作量的可能性，避免过
于乐观的假设。

6. 定期评估系统规模、工作量和时间进度：在项目的每个
新阶段，都应根据正在开发的软件的新信息对估算进行
精确调整。关键在于定期检查估算的准确性，并在项目
过程中适当进行调整。

7. 定义和管理阶段转换：在从需求开发到架构设计、从架
构实施到详细规划的阶段过渡时，要避免浪费时间。项
目团队应在当前阶段结束前的几个星期就开始进行下一
阶段的准备工作，以确保团队能够与下一阶段无缝衔接。

8. 培养团队精神：即便项目成员来自不同的组织或公司，
也需要强调团队合作的重要性。明确界定每位成员的角
色和职责，并强调他们在整个项目中的重要性。确保在
整个项目中协调一致的方式向项目团队传达项目的状

态、风险和其他管理事项。

> 记住，破坏团队协作的人永远无法成就大业，有力推动团队成长的人永远不会是失败者。

9. 由少数高级员工启动项目：选取一组经验丰富的资深人员来启动项目，这些人员将在整个项目周期中扮演领导角色。确保他们能够构建项目愿景、定义软件项目的概念、规划项目方法，并在新手员工加入前建立默契的协作关系。

19.1.2　绝对不做的事情

成功的项目绝对不做下面 8 件事情。

1. 遵循系统化的开发实践：开发高质量软件是一个需要创造性和系统化管理的过程，因此不应让团队成员以非系统化的方式工作。

2. 设置合理的目标：设置不合理的目标比不设置目标还要糟糕。如果团队对目标缺乏信心，成员可能会变得消极怠工。合理的目标能够激励团队在不牺牲项目效率的情况下为了实现目标而努力。

3. 评估变更的影响并获得批准：每项变更的影响都要估算，并获得变更委员会的批准。项目需要记录所有或大或小的变更，以免未经控制的小变更随时间累积导致成本和时间的超支。

4. **不做非必要的功能**：只实现项目真正需要的功能。不要让项目因为不必要的功能而变得更加复杂。

5. **合理分配人力资源**：在启动阶段，一支由资深人员组成的小型团队就足以处理各项工作。只有在有实质性工作需要完成时，才应该增加人手。

6. **及时纠正延误**：项目团队不应寄希望于后期再来弥补前期的延误。一旦发现进度落后，就要立刻纠正。

7. **维护质量标准**：降低质量标准往往会导致错误增多，而减少这些错误是实现最佳成本效益和保持进度按计划推进的关键。

8. **确定适当的文档要求**：项目需要的文档数量和类型应根据项目的规模、时间框架和系统预期的寿命来确定，避免采用过于繁琐的文档标准。

19.2　其他项目生存资源

本书是一本软件项目生存指南，可以把它当作急救包放在背包里或车中。就像医院的医疗设备肯定比车上的急救箱更全面一样，还有一些软件开发资源可以提供比这本生存指南更多的资源。

19.2.1　书籍

以下参考资源包含深入分析和实用建议：

- Recommended Approach to Software Development, Revision 3, Document SEL-81-305, Greenbelt, Maryland: NASA Goddard Space Flight Center, NASA, 1992.

  可能是我读过的最实用的软件项目管理指南。虽然它主要针对飞行动力学项目，但其中许多建议都具有广泛的适用性。文中详细描述了项目各个阶段的启动和结束标准，并总结了开发团队、管理团队和各种特种部队在每个阶段中的真实活动。文中传达了一个令人振奋的观点：软件项目并不是神秘叵测、难以控制的。尽管这些项目非常复杂，但通过借鉴过往项目的经验教训，我们可以搞定它们。可以从 https://ntrs.nasa.gov/api/citations/19930009672/downloads/19930009672.pdf 下载。

- Manager's Handbook for Software Development, Revision 1, Document SEL-84-101, Greenbelt, Maryland: NASA Goddard Space Flight Center, NASA, 1990.

  其实用程度与上一本书中推荐的方法不相上下。篇幅更短一些，提出的指导方针专门针对软件项目管理主题。可以按照推荐的方式订购或下载。

- Fergus O'Connell. *How to Run Successful Projects II: The*

Silver Bullet. London, England: Prentice Hall International
（UK） Limited, 1996.

一本精心编写的专著，提供了成功软件项目管理需要
遵循的要点。它覆盖的范围与我这本书相同，并且和
我这本书高度兼容，但惊人的是内容上基本不重叠。
我本书为项目提供了一个宏观的技术框架视角，奥康
奈尔的书则侧重于项目经理需要执行的各种具体活
动，其中包括许多项目表单和计划材料示例，如果在
阅读我这本书时你曾想过："这听起来不错，但具体
我该怎么做？"那么奥康奈尔的书就非常适合你。最
新中译本为《事半功倍的项目管理》。

- Tom Gilb. *Principles of Software Engineering Management*.
  Wokingham, England: Addison-Wesley, 1988.

  此书采用定量的、以风险为导向的软件项目方法，将
  "工程"融入到软件工程管理。作为一位享誉国际的
  软件项目管理顾问，作者拥有丰富的实践经验。阅读
  他的书籍不是为了掌握软件项目成功的传统方法，而
  更多的是为了理解作者独特的思考方式。我认为在很
  多情况下，作者的观点并没有遵循传统观念，是因为
  他认为那些传统观念是错误的，而他的方法是正确的。

- Lawrence H. Putnam and Ware Myers. *Industrial Strength
  Software: Effective Management Using Measurement*,

Washington, D.C.: IEEE Computer Society Press, 1997.
普特南和迈尔斯共同撰写了一本优秀的参考资料来详述如何利用软件度量来全面管理软件开发。与吉尔伯的著作相比,普特南和迈尔斯这本书更加关注团队能力的提升,而非特定项目的细节。这本书的第 21 章尤为出色,生动展示了软件项目管理中定量方法的魅力。

- Tom DeMarco and Timothy Lister. *Peopleware: Productive Projects and Teams*. New York, New York: Dorset House, 1987.

  此书提供了重要的启示:编程首先是人的工作,其次才是计算机的事儿。阅读此书是一次十分有趣的体验,其中讲述了许多难忘的故事,涉及配合默契的软件团队和那些不和谐的软件团队。中译本《人件》。

- Alan M. Davis. *201 Principles of Software Development, New York*, New York: McGraw-Hill, 1995.

  此书以通俗易懂的方式深入剖析了软件开发过程中遇到的关键问题,可帮助你识别软件项目中的关键问题,你可能在其他书籍中看到过这些关键问题,或在自己的项目中亲身经历过。

- Steve McConnell. *Rapid Development. Redmond, Washington: Microsoft Press*, 1996.

  如果你喜欢这本书,那么我相信你也会对《快速开发》感兴趣。《快速开发》一书涵盖多种典型而实用的主题，包括常见错误剖析、风险管理策略、项目整体规划、日程安排技巧、团队激励方法以及与快速软件开发息息相关的诸多主题。最新中译本《快速开发》（纪念版）。

19.2.2 互联网资源

我们的网站（https://www.construx.com/resources/topics/）包含本书推荐的文档模板和表格清单，比如软件开发计划模板、用户界面样式指南、估算流程、发布检查清单等。网站还汇集了各类软件开发资源的链接，包括源代码控制工具、时间管理工具、项目估算软件以及缺陷跟踪工具等。可以在此按主题搜索您想要的资源。

结　　语

过去二十多年，有许多中等规模的项目不明不白地失败了。这些项目并不涉及最前沿的软件技术，也不需要融合其他领域的前沿研究。它们只是因为无法承受自身的繁重负担而崩溃。就像开篇提到的小熊①一样，开发团队、项目经理和客户在项目结束后并不吸取教训，而是不断地重蹈覆辙。他们选择的是自己熟悉的路径，但这些路径往往效率低下、容易出错且令人痛苦不堪。

虽然软件项目的成功绝非偶然，但也并不是太难，惟项目起点到终点做好每一个细节而已。

软件开发实践已经发展成熟，中等规模的项目不应该再以失败告终。如果开发团队、项目经理和客户能够停下来好好想一想，也许就不再重蹈覆辙，如果还能全面掌握本书描述的软件项目生存技能，项目最后取得成功更是指日可待。

---

① 译注：小熊名叫爱德华（也就是小熊维尼），是英国作家 A.A. 米尔恩送给儿子克里斯托弗·罗宾的一周岁生日礼物。小猪皮杰、小灰驴屹耳、袋鼠妈妈和跳跳虎也是罗宾小时候的毛绒玩具，它们都是爱德华熊的好朋友。米尔恩以它们为原型，创作了《小熊维尼》系列故事，并请漫画家 E.H.谢泼德配上插图，这些故事在后来大受欢迎。

参 考 文 献

扫描二维码，查看原书参考文献。

软件项目术语表

1. 计算机协会（ACM）：美国计算机协会的缩写，是一个专业的会员组织，为使用从事计算机的人员提供各种会员服务。

2. 分析（analysis）：参见"需求分析"。

3. 应用程序（application program）：为最终用户使用而开发的软件类型。应用程序的例子包括电子表格、文本处理和会计程序。相关术语有信息系统、实时软件、用光盘安装的软件、系统软件。

4. 架构（architecture）：包括系统的组织结构设计、通信规则、系统范围的设计和实现指南。架构有时也称为"系统架构""设计""高层设计"和"顶层设计"，术语"架构"也可以指架构文档。

5. 基准版本（baseline）：工作产品的原始版本，是作为所有未来开发工作的基础。它将纳入变更控制流程，只能通过系统的变更控制流程进行更改。

6. 基线（baseline）：将工作产品第一次纳入变更控制流程。

7. 构建（build）：在开发过程中的特定时间构建的软件程序的具体实例。构建实例通常有一个编号。在项目结束时，特殊构建的软件版本将被接受或发布。相关术语有"交付""发布"。

8. 构建指令（build instruction）：参见"软件构建指令"（make files）。

9. 变更委员会（change board）：变更委员会的成员负责评估变更提案，批准或拒绝变更提案，并通知受到影响的各方将如何处理每一个提案。

10. 变更控制计划 （change control plan）：描述特定项目将如何进行变更控制的文件。

11. 变更控制（change control）：管理需求、架构、设计、源代码和其他工作产品变更的实践。

12. 变更提案（change proposal）：用它来提出变更的文档或表格，作为系统变更控制过程的一部分。变更提案通常包括对变更的描述，评估变更将对成本、进度、质量、其他产品和项目特征所产生的影响，解释为什么需要此变更。

13. 代码阅读（code reading）：一种代码阅读技术。在举行一次审查会议之前，一个或多个程序员需要阅读源代码。相关术语有"代码审查""检查""代码走查"。

14. 代码审查（code review）：专注于系统源代码的技术审查。参见"技术审查"。

15. 编码标准（coding standard）：描述开发人员在创建系统源代码时必须遵循的详细约定文档。

16. 编码（coding）：参见"软件构建"。

17. 复杂性（complexity）：系统的设计或代码难以理解的程度，因为存在大量的组件和组件之间的复杂关系。

18. 不确定性锥（cone of uncertainty）：软件项目估算中可能出现的误差，在项目早期阶段误差量非常大，随着项目接近尾声，误差会急剧减少。

19. 软件构建（construction）：软件开发的活动，包括详细设计、编码、单元测试和调试。此种活动通常也称为"编码""实现"和"编程"。

20. 控制（control）：改变项目成本、进度、功能或其他特征结果的能力。相关术语有"可见性"。

21. 客户（customer）：最终要认可软件产品成功的那些人。对于信息系统，客户通常是内部的最终用户。对于用光盘安装的软件，客户是购买软件的个人或组织。对于定制软件，客户是与软件开发组织签订合同以开发系统的组织。

22. 每日构建和冒烟测试（daily build and smoke test）：一种开发实践，每天构建一个版本的软件，然后进行短期测试，确定它是否出现"冒烟"现象（构建失败）。如果发现构建的版本足够稳定，可将它提供给测试组开始测试，表明构建版本通过冒烟测试。

23. 缺陷（defect）：出现在程序规范、设计或实现中的错误。

24. 缺陷跟踪（defect tracking）：一种监控方法，记录可执行软件和其他工作产品中发现的所有缺陷，并在整个项目中监控它们。

25. 交付（delivery）：将软件产品交付给外部用户，这些用户不属于负责开发这个产品的团队。开发人员可以把软件产品提供给测试组、内部用户或外部客户。"交付"和"发布"是可以互换使用的词。有关术语有"构建"和"发布"。

26. 部署文档/切换手册（deployment document / cutover handbook）：描述如何使新系统投入运行的文档，尤其包括新系统替换旧系统必须采取的措施。

27. 设计（design）：经过构思、发明或确定方案将计算机程序的规范转换为可操作程序的过程，它是将需求开发与构建联系在一起的活动。"设计"也指设计活动的结果。相关术语有"架构"和"详细设计"。

28. 设计审查（design review）：专注于系统设计的技术审查。相关术语有"技术审查"。

29. 详细设计（detailed design）：侧重于单独例程操作和小例程集合操作的软件设计工作。相关术语有"架构"。

30. 详细设计文档（detailed design document）：描述系统特定部分的详细设计的文档。参见"详细设计"。

31. 下游（downstream）：通常指的是软件构建和系统测试，但也可以指软件项目中衔接其他部分的任何部分。相关术语有"上游"。

32. 最终用户（end user）：程序的最终用户。文字处理程序的最终用户可以是行政助理或作家。编译器的最终用户可以是软件开发人员。相关术语有"客户"。

33. 最终用户文档（end user document）：包括书籍、索引卡、帮助屏幕以及交付给最终用户的其他材料。

34. 继续/停止决定（go/no go decision）：在项目规划检查点审查期间做出

的是否继续或停止项目的决定。

35. 高层级（high level）：一般的、广泛和抽象的东西被认为是"高层级设计"或"总体里程碑"。相关术语有"顶级"。

36. 高层级设计（high level design）：高层级软件设计活动更像是结构设计而不是详细设计。相关术语有"架构"和"详细设计"。

37. IEEE：是电气和电子工程师协会的缩写，这是一个专业会员组织，为软件其他类型的工程师提供各种会员服务。

38. 实现（implementation）：与"构建"完全相同。也指在构造期间创建的工作产品，例如源代码。参见"软件构建"。

39. 单个阶段计划（individual stage plan）：该文档包含详细计划，例如，在使用分阶段交付方法时，项目的单个阶段要执行的微型里程碑的工作。

40. 信息系统（information system）：开发用于一般业务操作的软件类型，例如工资单软件、会计软件和计费软件。相关术语有"应用程序""实时软件""用光盘安装的软件"以及"系统软件"。

41. 检查（inspection）：一种技术性审查方法，其特点是让审查人员单独阅读代码，审查人员使用检查清单做重点的检查，在审查会议上以交互方式检查每行代码，最后从审查过程中获取反馈意见以改进未来的审查。

42. 安装程序（install program）：在计算机上运行设置新软件的特定程序。

43. 集成（integration）：指集成多个软件组件并使它们协同工作的活动。

44. 集成测试（integration testing）：测试已集成的软件组件。

45. 代码行（line of code）：一条编程语言的语句，通常定义为非注释的非空白的源语句。

46. 低层级（low level）：专门的、详细的、具体的级别或层次，如"低层级设计"或"低层级里程碑"。

47. make 文件（make file）：参见"软件构建指令"。

48. 可维护性（maintainability）：可以容易地修改软件系统以便更改或添加功能，提高性能或纠正缺陷。

49. 微型里程碑（miniature milestone）：需要几天或更少时间执行的任务，用于项目跟踪的目的，任务结果可能是已完成或者未完成，但不允许输入部分完成。微型里程碑也称为"小鹅卵石"或"小石头"。

50. 面向对象的设计（object-oriented design）：一种面向对象编程概念的软件设计方法。

51. 面向对象的编程（object-oriented programming）：一种专注于从对象集合（使用统一实体的数据合并和数据操作）来构建计算机程序的编程类型。它支持面向对象的编程语言，包括 C ++、Java 和 Smalltalk。

52. 以人为本的管理责任（people-aware management accountability）：让管理者对项目中人力资源的状况负起责任，特别是人员在项目中的表现为组织带来的价值。

53. 期间（phase）：在此期间，项目团队主要关注特定类型的工作，例如需求开发、架构、构建和发布等阶段。相关术语有"阶段"。

54. 规划检查点审查（planning checkpoint review）：当软件项目用掉了大约 10%到 20%的时间之后所进行的项目审核，以确定该项目的规划、需求开发和初始架构是否足以支持其余软件的开发。审核期间要做出继续还是停止项目的决定。

55. 项目事后分析（postmortem）：软件项目结束后的一个时期，项目团队成员对项目的进行情况发表评论，总结可以应用于下一个项目的经验教训。"事后总结"也指在事后总结阶段所总结出来的报告。

56. 编程（programming）：软件开发的一般活动，尤其是构建活动。相关术语有"软件构建"。

57. 项目跟踪（project tracking）：定期将实际结果与计划进行比较来监控项目状态，例如将实际时间进度和成本与计划的时间进度和预算进行比较，或者将实际功能与所需功能进行比较。

58. 原型（prototype，n.）：参见"用户界面原型"。

59. 原型过程（prototype，v.）：指的是开发出一个程序或子程序的初始版本，方便用户对程序提出反馈意见或者方便开发人员调查其他的开发问题。

60. 伪代码（pseudocode）：类似于用英语语句做底层的程序设计。

61. QA（quality assurance）：有计划的、系统化的活动模式，其目的是确保系统具有所期望的特性。

62. QA 计划（quality assurance plan）：描述一个软件项目将计划如何使用具体 QA 的文档。

63. 可读性（readability）：指人员阅读和理解系统源代码的难易程度，特别是在理解详细的程序句子层面。

64. 实时软件（real-time software）：一种专门的软件类型，它可以与受外部实时框架限制的系统一起工作。典型的实时系统包括航空电子设备和制造控制程序。相关术语有"应用程序""信息系统""用光盘安装的软件""系统软件"。

65. 发布（release）：向负责软件开发组以外的用户交付软件。开发人员可以将软件发布给测试组、内部用户或外部客户。"发布"和"交付"是可以互换使用的。相关术语有"接受""构建""交付"。

66. 发布清单（release checklist）：这张清单包含在项目发布阶段应执行的活动，以防止未准备好的软件发布出去。

67. 发布签字单（release sign-off form）：该表格记录所有项目相关方的签字同意，见证软件程序已经做好向客户发布的准备。

68. 需求（requirement）：详细描述软件应该做什么。相关术语有"需求开发""用户手册""需求规范"。

69. 需求分析（requirement analysis）：参见"需求开发"。

70. 需求开发（requirement development）：探索用户需求的软件开发阶段，用户和开发团队都要详细了解应该创建什么样的软件。

71. 需求规范（requirement specification）：第一，该文档包含需求的声明。第二，要书面写出需求的内容。第三，在此期间要探索和开发需求。参见"需求开发"。

72. 需求可跟踪性（requirement traceability）：对于每一个需求可以跟踪其对应的系统架构、设计和实现的完成情况，反之亦然。

73. 可重用性（reusability）：指系统的哪些部分可以轻松用于其他系统中。

74. 审查（review）：参见"技术审查"。

75. 修订控制（revision control）：指通过电子形式的自动化系统，为具体工作产品提供存档和检索功能。相关术语有"变更控制""源代码控制"。

76. 风险（risk）：不希望的结果。

77. 用光盘安装的软件（shrink-wrap software）：为大众市场开发并在零售商店销售的软件类型，如字处理软件、电子表格和项目规划工具等。相关术语有应用"程序""信息系统""实时软件""系统软件"。

78. 冒烟测试（smoke test）：参见"每日构建"和"冒烟测试"。

79. 软件架构文档（software architecture document）：描述程序的体系结构设计的文档。相关术语有"架构"。

80. 软件构建指令（software build instructions - make files）：软件开发人员用来将源代码自动转换为可执行软件的过程脚本和其他指令。

81. 软件构建计划（software construction plan）：描述如何创建特定的软件组件的计划，包括微型里程碑。

82. 软件开发计划（software development plan）：描述如何进行软件项目的文档。项目计划包括时间表、预算、估算和技术策略。在整个项目的过程中，项目开发计划会不断更新以包括每个阶段的详细计划。

83. 软件集成过程（software integration procedure）：开发人员将新开发的代码与已集成的代码相结合时必须遵循的步骤顺序。

84. 软件项目历史文档（software project history document）：也称为软件"项目历史"，该文档总结了项目过程以及项目团队在项目过程中学到的经验教训。

85. 软件项目日志（software project log）：定期记录项目特征的记录簿或文档，包括员工工作小时数、缺陷数、代码行数等。

86. 软件发布（software release）：参见"发布"。

87. 软件测试用例（software test case）：参见"测试用例"。

88. 源代码控制（source code control）：用于控制源代码的专门修订控件。参见"修订控制"。

89. 源代码跟踪（source code tracking）：在符号调试器中逐行执行源代码的活动。其目的是观察程序流，观察变量变化以及确认源代码是否按预期效果运行。

90. 源代码（source code）：人类可读的详细指令，直接或间接地告诉计算机软件系统应如何操作。

91. 规范（specification）："需求"的同义词。偶尔也指体系结构，但这种用法不标准。

92. 阶段（stage）：分阶段交付项目中的一段时期，包括详细设计、编程、测试和交付的活动。分段本质上是一个微型项目。参见"期间"。

93. 分阶段交付周期（staged delivery cycle）：参见"阶段"。

94. 分阶段交付计划（staged delivery plan）：在分阶段交付项目中，该计划指定哪个阶段将交付的所有详细需求。

95. 分阶段交付项目（staged delivery project）：该项目为整个系统做需求开发和体系结构，然后以多个阶段的方式交付软件，在每个阶段结束时使软件质量满足所要求的标准，以便在必要时将软件发布给最终用户。

96. 分阶段交付（staged delivery）：在一个阶段结束时交付分段产品。相关术语有"交付"和"阶段"。

97. 系统（system）：一般指整个程序。有时更具体地指操作系统级的代码。

98. 系统测试（system test）：以系统方式运行整个程序，其目的是查找缺陷。

99. 系统软件（system software）：由计算机本身使用或软件开发人员使用的软件类型，包括操作系统、设备驱动程序、编译器等。相关术语有"应用程序""信息系统""实时软件""用光盘安装的软件"。

100. 技术审查（technical review）：一个广义的术语，指检查、走查、审阅代码或由一个或多个人检查其他人的工作，这些活动的目的是提高软件质量。

101. 测试（test）：执行程序以查找缺陷。

102. 测试用例（test case）：描述程序输入、执行指令和预期结果的文档，其目的是为了检查特定的软件功能是否正常工作或者特定的需求是否正确实现。

103. 十大风险清单（top 10 risks list）：按优先顺序描述项目最重要风险的列表，每月更新两次。

104. 顶级（top level）：最一般、最广泛和最抽象的概念，如"顶级设计"或"顶级里程碑"。相关术语有"高层级"。

105. 跟踪（tracking）：参见"项目跟踪"。

106. 可理解性（understandability）：可以从系统组织架构和详细技术层面容易地理解一个系统。可理解性与系统的一致性有关，而不是指可读性。相关术语有"可读性"。

107. 统一建模语言（unified modeling language，UML）：软件设计类型的图解公约，用于表达面向对象的设计。

108. 单元测试（unit test）：由开发人员或独立测试人员运行单个例程和模块的检测，其目的是查找缺陷。

109. 上游（upstream）：通常指需求开发和体系架构阶段，但也可以指在一个软件项目过程中发生在某些部分之前的任何其他特定部分。相关术语有"下游"。

110. 用户界面（user interface）：程序的视觉元素，包括菜单、对话框和其他屏幕元素。

111. 用户界面原型（user interface prototype）：正在开发的软件模型，用于引导用户对软件的预期功能、外观和感觉提出反馈意见。

112. 用户界面风格指南（user interface style guide）：指导软件外观和感觉的规范，指导详细的用户界面开发。

113. 用户手册/需求规范（user manual/requirements specification）：在需求开发期间创建的文档，用作最终用户手册和软件需求规范。

114. 可见性（visibility）：可以轻松且准确地获得项目的成本、进度、功能或其他特征的可视状态。相关术语有"控制"。

115. 愿景描述（vision statement）：项目最高级别的目标描述。

116. 走查（walkthrough）：一种相对非正式的审查技术，其中开发人员向审核团队成员展示具体的设计或代码，审核团队识别可能的问题提出可行的改进方案。

117. 工作产品（work product）：所做工作的有形成果。工作产品的例子包括可执行软件、文档和测试用例。